AUTODESK. **BIMChina** 柏慕中国
建 筑 梦 想 现 实

全国高校建筑类专业数字技术系列教材　Autodesk 官方推荐教程系列　ATC 推荐教程系列

U0213997

BIM 园林景观设计
Revit 基础教程

REVIT BASIC COURSE: LANDSCAPE DESIGN BY BIM

主　编　季　强　董艳平

副主编　马　镭　李一晖　展海强

中国建筑工业出版社

图书在版编目（CIP）数据

BIM 园林景观设计 Revit 基础教程／季强，董艳平主编．
北京：中国建筑工业出版社，2019.7（2022.7 重印）
全国高校建筑类专业数字技术系列教材　Autodesk 官方推荐教程系列　ATC 推荐教程系列
ISBN 978-7-112-23971-9

I.① B… Ⅱ.①季…②董… Ⅲ.①园林设计－景观设计－计算机辅助设计－应用软件－高等学校－教材 Ⅳ.① TU986.2-39

中国版本图书馆 CIP 数据核字（2019）第 138878 号

责任编辑：杨　琪　陈　桦
责任校对：王　瑞

全国高校建筑类专业数字技术系列教材
Autodesk 官方推荐教程系列
ATC 推荐教程系列

BIM 园林景观设计 Revit 基础教程

主　编　季　强　董艳平
副主编　马　镭　李一晖　展海强
*
中国建筑工业出版社出版、发行（北京海淀三里河路 9 号）
各地新华书店、建筑书店经销
北京雅盈中佳图文设计公司制版
北京云浩印刷有限责任公司印刷
*
开本：787×1092 毫米　1/16　印张：6¾　字数：143 千字
2019 年 9 月第一版　2022 年 7 月第二次印刷
定价：29.00 元
ISBN 978-7-112-23971-9
（34168）

本系列丛书编委会

丛书组织编写单位：

中国建筑工业出版社
北京柏慕进业工程咨询有限公司
蜜蜂云筑科技（厦门）有限公司

前　言

随着 BIM 技术的应用推广，高校的 BIM 教育也日渐普及，各类 BIM 教材也陆续出版发行。如何使得我们的高校教育能够和 BIM 技术的发展与时俱进；同时能够学以致用参与到真实项目中，创造更多的社会价值；如何使 BIM 教学与实践及科研密切结合，培养更多符合社会发展需求的 BIM 应用型人才？这三方面都成为高校 BIM 教育急需解决的问题。

北京柏慕进业工程咨询有限公司（以下简称柏慕），作为教育部协同育人项目合作单位，是历年中国 Revit 官方教材编写单位，中国第一家 BIM 咨询培训企业和 BIM 实战应用及创业人才的黄埔军校，针对以上三个高校 BIM 教育需求，组织开展了以下三个方面的工作，寻求推动高校 BIM 教育的可持续发展！

第一方面，在高校教育与 BIM 技术发展的与时俱进上：BIM 技术发展到今天，已经形成了正向设计全专业出图，自动生成国标实物工程量清单，同时可以应用模型信息进行设计分析，施工四控管理及运维管理的建筑全生命周期的应用体系，而不再是简单的 Revit 建模可视化和管线综合应用。

实现 BIM 技术的体系化应用，不仅需要模型的标准化创建，还需要实现模型信息的标准化管理。针对国家 BIM 标准只是指明了模型信息的应用方向，采用例举法说明了信息的各项应用。但是在具体工程应用中信息参数需要逐项枚举，才能保证信息统一。因此柏慕与清华大学的马智亮教授及其博士毕业生联合成立了 BIM 模型 MVD 数据标准的研发团队，建立建筑信息在各阶段应用的数据管理框架结构，并采用枚举法逐项例举信息参数命名。此研究成果对社会完全开放；在模型的标准化上，柏慕历经七年完成的国标建筑材料库及民用建筑全专业通用族库也面向社会开放。

BIM 标准化体系化的应用更需要高校教育的参与！所以柏慕与中国建筑工业出版社携手合作，组织了全国 170 余所高校教师参与了本套教材的编写审稿工作，以柏慕历年的实操经典案例结合教师专家团队的专业知识讲解，在建模规则上采用国内 BIM 应用先进企业普遍认同的三道墙（基墙与内外装饰墙体分别绘制），三道楼板（建筑面层与结构楼板及顶棚做法分别绘制）的建模规则，在建筑材料和构件的选用上调用柏慕族库，保证了 BIM 模型的标准统一及体系化应用的基础！ BIM 模型的出图算量与数据管理的有机统一，保证了高校 BIM 教育的技术先进性！技术应用的先进性也保证了学生学习与就业的质量！

本套教材第一批出版的五本属于基础教材系列，包含建筑、结构、设备、园林景观、装修五大部分，同时配有完整操作的视频教程。视频总计 80 个学时，建议全部学习，可以根据不同学校的情况分别设为必修课、选修课或课后作业等，也可以结合毕业设计开展多专业协同。同时本系列教材包括识图、制图实操及专业基础知识等，可以作为其他专业教材的实操辅助训练。此外，全部学完此系列基础教材，完成作业，即可具备参与柏慕组织的各类有偿社会实践项目的资格。

第二方面，如何能够使高校师生学以致用参与到真实项目中创造更多社会价值？

本系列教材的出版只是实现了技术普及，工科教育的项目实践环节至关重要！在项目实践方面，现代师徒制的传帮带体系很重要。

对高校的 BIM 项目实践，作为使用本系列教材的后续支持，柏慕提供了两种解决方案。对有条件开展项目实训的学校，柏慕派驻项目经理驻校半年到一年，帮助学校建立 BIM 双创中心，柏慕每年提供一定数量的真实项目，带领学生进行真题假做训练及真题真做或者毕业设计协同的项目实训，组织同学进行授课训练，在学校内外开展宣传，组织各类研讨活动，开展 BIM 认证辅导培训，项目接洽及合同谈判，真题真做的项目计划及团队分工协作及管理等各类 BIM 项目经理能力培养；对没有条件开展项目实训的学校，柏慕与高校合作开展各类师生 BIM 培训，发现有志于创业的优秀学员，选送柏慕总部实训基地集中培养半年到一年，学成后派回原学校开展 BIM 创业。每个创业团队都可以带 20~50 名学生参与项目实践，几年下来，以项目实践为基础的现代师徒制传帮带的体系就可以在高校生根发芽，蓬勃发展！

授人鱼不如授人以渔。柏慕提供的 BIM 人才培养模式使得高校的 BIM 教育具备了自我再生造血的机制，从而实现可持续发展！

高校对创新创业团队具备得天独厚的吸引力：上有国家政策支持，下有场地，有设备，更有一大批求知实践欲望强烈的学生和老师。BIM 技术的人才缺口，正好给大家提供了良好的机遇！

第三方面，如何使 BIM 教学与实践及科研密切结合，培养更多符合社会发展需求的 BIM 应用型人才？

通过本系列高校 BIM 教材的推广使用及推进高校 BIM 双创基地建设，我们在全国各地就具备了一大批能够参与 BIM 项目实践的团队。全国大学每年毕业生有七百多万，全国建筑类院校有两千多所每年的毕业生也是近百万，如何加强学校间的内部交流学习，与社会企业的横向课题研究及项目合作包括就业创业也都需要一个项目平台来维系。BIM 作为一个覆盖整个建筑产业的新技术，柏慕工场——BIM 项目外包服务平台应运而生！它包括发布项目、找项目、柏慕课堂、人才招聘及就业、创业工作室等几大版块，通过全国 BIM 项目共享，开展全国大赛、各地研讨会及人才推荐会，为高校 BIM 教育的产学研合作搭建桥梁。

总而言之，我们希望通过本系列 BIM 教材的出版、材料库及构件库及数据标准共享，实现统一的模型及数据标准，从而实现全行业协同及异地协同；通过帮助高校建立 BIM 双创基地，引入项目实践必需的现代师徒制的传帮带体系，使得高校的 BIM 教育具备了自我再生造血的机制，从而实现可持续发展；再通过柏慕工场项目外包平台实现聚集效应，实现品牌、技术、项目资源、就业及创业的资源整合和共享，搭建学校与企业之间的项目及人才就业合作桥梁！

互联网共享经济时代的来临，面对高校 BIM 教育的机遇和挑战，谨希望以此系列教材的出版，以及后续高校 BIM 双创基地建设和柏慕工场的平台支持，推动中国 BIM 事业的共享、共赢、携手同行！

黄亚斌

2019 年 5 月

目　录

第 1 章　Autodesk Revit 及柏慕软件简介

1.1　Autodesk Revit 简介

Autodesk Revit（简称 Revit）是 Autodesk 公司一套系列软件的名称。Revit 系列软件是专为建筑信息模型（BIM）构建的，可帮助建筑设计师设计、建造和维护质量更好、能效更高的建筑。Revit 是我国建筑业 BIM 体系中使用最广泛的软件之一。

1.1.1　Autodesk Revit 软件

Revit 提供支持建筑设计、MEP 工程设计和结构工程的工具。

Revit 软件可以按照建筑师和设计师的思考方式进行设计，因此，可以提供更高质量、更加精确的建筑设计。通过使用专为支持建筑信息模型工作流而构建的工具，可以获取并分析概念，强大的建筑设计工具可帮助使用者捕捉和分析概念，以及保持从设计到建造的各个阶段的一致性。

Revit 向暖通、电气和给排水（MEP）工程师提供工具，可以设计最复杂的建筑设备系统。Revit 支持建筑信息建模（BIM），可帮助从更复杂的建筑系统导出概念到建造的精确设计、分析和文档等数据，使用信息丰富的模型在整个建筑生命周期中支持建筑系统。为暖通、电气和给水排水（MEP）工程师构建的工具可帮助使用者设计和分析高效的建筑设备系统以及为这些系统编档。

Revit 软件为结构工程师提供了工具，可以更加精确地设计和建造高效的建筑结构系统。为支持建筑信息建模（BIM）而构建的 Revit 可帮助使用者使用智能模型，通过模拟和分析深入了解项目，并在施工前预测性能。使用智能模型中固有的坐标和一致信息，提高文档设计的精确度。

1.1.2　Autodesk Revit 样板

项目样板文件在实际设计过程中起到非常重要的作用，它统一的标准设置为设计提供了便利，在满足设计标准的同时大大提高了设计师的效率。

项目样板提供项目的初始状态。每一个 Revit 软件中都提供几个默认的样板文件，也可以创建自己的样板。基于样板的任意新项目均继承来自样板的所有族、设置（如单位、填充样式、线样式、线宽和视图比例）以及几何图形。样板文件是一个系统性文件，其中的很多内容来源于设计中的日积月累。

Revit 样板文件以 Rte 为扩展名。使用合适的样板，有助于快速开展项目。国内比较通用的 Revit 样板文件有 Revit 中国本地化样板，集合国家规范化标准和常用族等优势。

1.1.3 Autodesk Revit 族库

Revit 族库就是把大量 Revit 族按照特性、参数等属性分类归档而成的数据库。相关行业企业或组织随着项目的开展和深入，都会积累到一套自己独有的族库。在以后的工作中，可直接调用族库数据，并根据实际情况修改参数，便可提高工作效率。Revit 族库可以说是一种无形的知识生产力。族库的质量，是相关行业企业或组织的核心竞争力的一种体现。

1.2 柏慕标准化应用体系介绍

1.2.1 柏慕软件产品特点

柏慕软件——BIM 标准化应用系统产品是一款非功能型软件，固化并集成了柏慕 BIM 标准化技术体系，经过数十个项目的测试研究，基本实现了 BIM 材质库、族库、出图规则、建模命名规则、国标清单项目编码以及施工运维的各项信息管理的有机统一，它提供了一系列功能，涵盖了 IDM 过程标准，MVD 数据标准，IFD 编码标准，并且包含了一系列诸如工作流程、建模规则、编码规则、标准库文件等，使得 Revit 支持我国建筑工程设计规范，且可以大幅度提升设计人员工作效率，初步形成 BIM 标准化应用体系，并具备以下五个突出的功能特点：

1. 全专业施工图出图。
2. 国标清单工程量。
3. 导出中国规范的 DWG。
4. 批量添加数据参数。
5. 施工、运维信息标准化管理。

1.2.2 标准化库文件介绍

柏慕标准化库文件共 4 大类，分别为柏慕材质库，柏慕贴图库，柏慕构件族库，柏慕系统族库。

1）柏慕材质库

柏慕材质库对常用的材质和贴图进行了梳理分类，形成柏慕土建材质库、柏慕设备材质库和柏慕贴图库。柏慕材质库中土建部分所有的材质都添加了物理和热度参数，此参数参考了 AEC 材质、《民用建筑热工设计规范（含光盘）》GB50176—2016 和鸿业负荷软件中材质编辑器中的数据。材质参数中对材质图形和外观进行了设置，同时根据国家节能相关资料中的材料表重点增加物理和热度参数，便于节能和冷热负荷计算（图 1-1）。

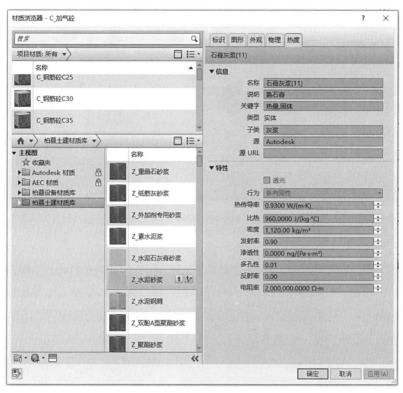

图1-1

2）柏慕贴图库

柏慕贴图库按照不同的用途划分，为柏慕材质库提供了效果支撑，便于后期渲染及效果表现（图 1-2）。

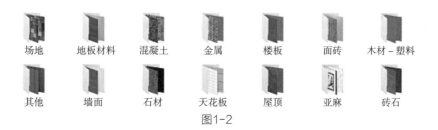

| 场地 | 地板材料 | 混凝土 | 金属 | 楼板 | 面砖 | 木材－塑料 |

| 其他 | 墙面 | 石材 | 天花板 | 屋顶 | 亚麻 | 砖石 |

图1-2

3）柏慕构件族库

柏慕构件族库依据《建设工程工程量清单计价规范》GB50500—2013对族进行了重新分类，并为族构件添加项目编码，所有族构件依托MVD数据标准添加设计、施工、运维阶段标准化共享参数数据，为打通全生命周期提供了有力的数据支撑。族库中包含大量景观族构件，如植被，场地构件等，其中所有景观构件族二维表达均满足《风景园林图例图示标准》CJJT-67—2015。

柏慕族库实现云存储，由专业团队定期更新族库（图1-3）。

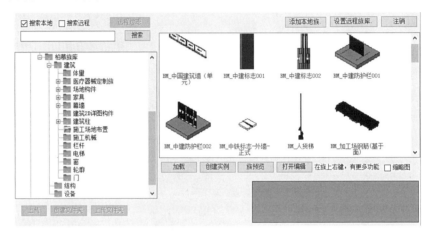

图1-3

4）柏慕系统族库

柏慕系统族库依据《国家建筑标准设计图集05J909工程做法》以及"建筑、结构双标高""三道墙""三道板"的核心建模规则对建筑材料进行标准化制作。柏慕系统族库涵盖了05J909工程做法中所有墙体、楼板、屋顶的构造设置，同时依据图集对所有材料的热阻参数及传热系数进行了重新定义，支持节能计算（图1-4）。

图1-4

柏慕系统族库中包含有标准化水管类型，风管类型，桥架类型，电气线管类型以及导线类型，并包含相应系统类型，为设备模型搭建提供标准化材料依据（图1-5）。

图1-5

1.2.3 柏慕软件工具栏介绍

1）新建项目

柏慕软件中包含三个已制定好的项目样板文件，分别为全专业样板、建筑结构样板、设备综合样板。在插件命令中可以新建基于此样板为基础的项目文件，样板中包含了一系列统一的标准底层设置，为设计提供了便利，在满足设计标准的同时大大提高了设计师的效率（图1-6）。

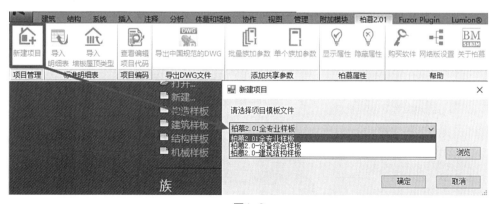

图1-6

2）导入明细表功能

"导入明细表"功能中，设置四大类明细表，分别为国标工程量清单明细表、柏慕土建明细表、柏慕设备明细表、施工运维信息应用明细表，共创建了165个明细表（图1-7）。

（1）柏慕土建明细表及柏慕设备明细表应用于设计阶段，主要有图纸目录、门窗表、设备材料表及常用构件等用来辅助设计出图。

（2）国标工程量清单明细表主要应用于算量。依据《建筑工程量清单计价规范》GB 50500—2013，优化Revit扣减建模规则，规范Revit清单格式。

（3）施工运维信息应用明细表主要是结合施工、运维阶段所需信息，通过添加共享参数，应用于施工管理及运营维护阶段。

3）导入墙板屋顶类型功能

导入柏慕系统族类型中，土建系统族类型共三种，分别为"墙类型""楼板类型""屋顶类型"

图1-7

设备系统族类型中，共有 5 种，分别为"水管类型""风管类型""桥架类型""线管类型"以及"导线类型"，如图 1-8 所示。

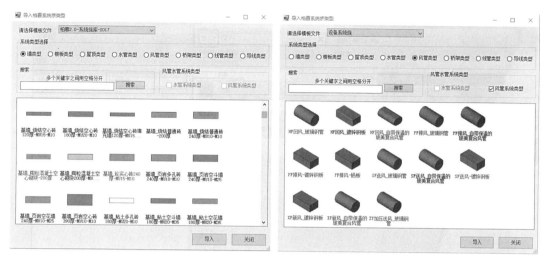

图1-8

4）查看编辑项目代码

柏慕构件库中，所有构件均包含 9 位项目编码，但每个项目或多或少都需要制作一些新的族构件，通过"查看编辑项目代码"这一命令，查看当前构件的项目编码，且可以进行替换和添加新的项目编码（图 1-9）。

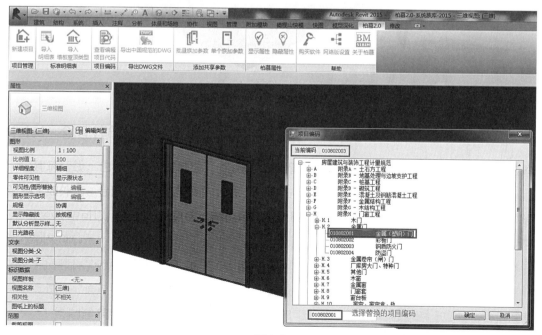

图1-9

5）导出中国规范的 DWG

柏慕软件参考国家出图标准及天正等其他软件,设置"导出中国规范的 DWG"这一功能,直接导出符合中国制图标准的 dwg 文件（图 1-10）。

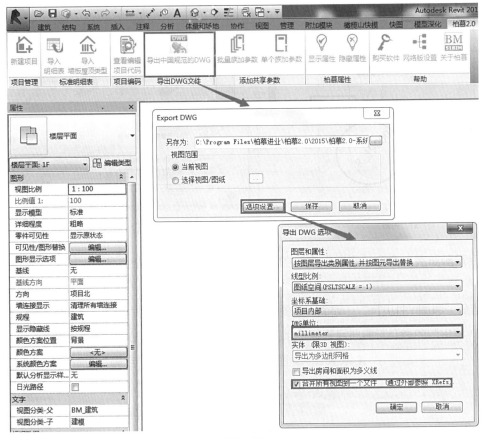

图1-10

6）批量族加参数

柏慕软件支持同时给样板和族库中所有构件批量添加施工运维阶段等共享参数,直接跟下游行业的数据进行对接。

具体的参数值未添加,客户可根据实际项目自行添加（图 1-11）。

7）显示及隐藏属性

柏慕软件单独设置柏慕 BIM 属性栏,集成所有实例参数及类型参数于柏慕 BIM 属性栏窗口,方便信息的集中管理（图 1-12）。

图1-11

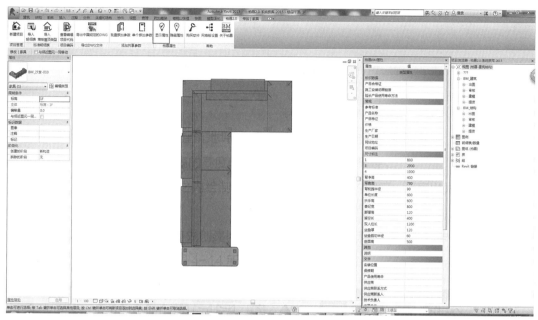

图1-12

1.2.4　柏慕 BIM 标准化应用

1）全专业施工图出图

柏慕标准化技术体系支持 Revit 模型与数据深度达到 LOD500。建筑、结构、设备各系统分开，分层搭建的标准化建模规则满足各应用体系对模型和数据的要求。设计模型满足各专业出施工图、管线综合、室内精装修。标准化模型及数据具备可传递性，支持对模型深化应用，包括但不限于幕墙深化设计、钢结构深化设计，机电安装图、施工进度模拟等应用。同时直接对接下游行业（如概预算、施工、运维）模型应用需求。

设计数据：直接出统计报表和计算书。

数据深化应用：模型构件均包含项目编码、产品信息、建造信息、运维信息等，直接对接下游行业（如概预算、施工、运维）信息管理需求。

出图与成果：各专业施工图。

建筑：平、立、剖面图，部分详图等。

结构：模板图、梁、板、柱、墙钢筋施工图。

设备（水、暖、电）：平面图、部分详图。

专业综合：优化设计（包括碰撞检查、设计优化、管线综合等）。

2）国际工程量清单

柏慕明细表分为：柏慕 2.0 设备明细表、柏慕 2.0 土建明细表、国标工程量清单明细表、施工运维信息应用明细表四类明细表，共创建了 165 个明细表。

明细表应用：

（1）柏慕 2.0 设备明细表及柏慕 2.0 土建明细表主要应用于设计阶段，主要有图纸目录门窗表、设备材料表及常用构件等用来辅助设计出图。

（2）国标工程量清单明细表主要应用于算量。依据《2013 建设工程工程量清单计价规范》GB50500—2013，优化 Revit 扣减建模规则，规范 Revit 清单格式。

（3）施工运维信息应用明细表主要是结合施工、运维阶段所需信息，通过添加共享参数，应用于施工管理及运营维护阶段。

3）数据信息标准化管理

柏慕 MVD 数据标准针对三大阶段"设计""施工""运维"，七个子项"建筑专业、结构专业、机电专业、成本、进度、质量、安全"分别归纳其依据（国内外标准）及用途，形成标准的工作流，作为后续参数的录入阶段的参考，以确保数据的统一性。

通过柏慕批量添加参数功能将标准化的数据批量添加至构件，结合 Revit 明细表功能，实现一系列数据标准化管理应用，实现设计、施工、运维等多阶段的数据信息传递及应用。

1.2.5 Lumion 介绍

Lumion 是 Act-3D 公司发布的一款实时的 3D 可视化工具，用来制作动画和静帧作品，涉及的领域包括建筑、规划和设计，也可以传递现场演示。

Lumion 的强大就在于能够提供优秀的图像，并快速和高效地将工作流程结合在了一起，节省时间、精力和金钱。

人们能够直接在自己的电脑上创建虚拟现实。渲染高清电影的时间比以前更快，也大幅降低了制作时间。

1）支持格式

可导入 SKP、DAE、FBX、MAX、3DS、OBJ、DXF 格式文件。

可导出 TGA、DDS、PSD、JPG、BMP、HDR 和 PNG 图像文件。

2）内容库

Lumion 本身包含了一个庞大而丰富的内容库，里面有建筑、汽车、人物、动物、街道、街饰、地表、石头等。全含 466 种材质、94 种植物和树木、54 种建筑形态、20 种动画人物、84 种静态人物、147 种人物和动物、71 种汽车，卡车以及船舶、182 种街饰（比如椅子和长凳）、28 种地表、6 种水形态，以及动画人物、动画树木、动画植物、动画草木、动画动物。

3）最低配置要求：

（1）系统：Windows7 或 Windows8 或 Windows 8.1、Windows10 ，64 位操作系统。

（2）显卡：NVidia GTX460 或相近 ATI、AMD 等显卡，同时配备最低 1024MB 显存。

（3）内存：最低 4GB。

1.2.6　园林景观 BIM 设计应包含的内容

园林景观 BIM 设计应用宜主要包括：编制设计说明、总平面设计、竖向布置、景观与绿化设计、详图设计等（表 1-1）。

BIM设计及应用内容　　　　　　　　　　　　　　　　　表1-1

BIM应用类别		BIM应用重点项		模型元素（构件）	模型信息（几何和非几何信息）
1	设计说明	1）	设计说明	宜基于BIM设计模型、分析模型，并利用从中提取的数据信息，辅助完成设计说明中相关内容	
		2）	主要技术经济指标表	总平面（场地）模型及其辅助分析模型构件	面积、容积率、建筑密度、绿地率、停车泊位、自行车停放数量等
2	总平面设计（BIM场地规划设计）	1）	场地现状模型	保留的地形和地物；场地四邻原有及规划的道路、绿化带	位置（主要坐标或定位尺寸）、名称、层数、间距
		2）	场地规划范围信息	场地范围、道路红线、建筑控制线、用地红线	坐标网、坐标值，坐标（或定位尺寸）、道路红线、建筑控制线、用地红线定位和尺寸
		3）	新建建筑物和构筑物规划模型	建筑物、构筑物、地下建筑包括：人防工程、地下车库、油库、贮水池等	位置、尺寸、名称（或编号）、层数
		4）	道路广场规划设计模型	广场、停车场、运动场地、道路、围墙、无障碍设施、排水沟、挡土墙、护坡等	坐标、尺寸、交通流线
		5）	消防扑救场地规划布置	消防车道、高层建筑、消防扑救场地	交通流线、标注
		6）	园林、绿化及景观设计模型	绿化、景观及休闲设施、护坡、挡土墙、排水沟	面积、位置
6	景观与绿化设计	1）	总平面布置模型	宜基于BIM设计模型、分析模型，并利用从中提取的数据信息，辅助完成设计说明中相关内容	
		2）	绿地设计模型	绿地（含水面）、人行步道及硬质铺地	位置、距离
		3）	建筑小品设计模型及详图模型	建筑小品	位置（坐标或定位尺寸）、标高、详图索引
7	详图设计	总平面中各类详图模型设计		道路横断面、路面结构、挡土墙、护坡、排水沟、池壁、广场、运动场地、活动场地、停车场地面、围墙	编号、尺寸标注；引用图集、材料、做法、说明

使用 Revit+ 柏慕标准化技术体系上述应用均可实现，结合 Lumion 等效果展现软件进行方案展现。

第 2 章 园林景观概述

风景园林学（Landscape Architecture）是综合运用科学与艺术的手段，研究、规划、设计、管理自然和建成环境的应用型学科，以协调人与自然之间的关系为宗旨，保护和恢复自然环境，营造健康优美人居环境。

风景园林学（Landscape Architecture）研究的主要内容有：风景园林历史与理论（History and Theory of Landscape Architecture）、园林与景观设计（Landscape Design）、地景规划与生态修复（Landscape Planning）、风景园林遗产保护（Landscape Conservation）、风景园林植物应用（Plants and Planting）、风景园林技术科学（Landscape Technology）。

2.1 风景园林发展历史

作为一门现代学科，风景园林学可追溯至 19 世纪末、20 世纪初，是在古典造园、风景造园基础上建立起来的新的学科，迄今在世界 60 多个国家近 430 余所大学设置该专业。中国风景园林的历史源远流长，有数千年历史，现代风景园林学科在中国也有 60 多年的发展历史。1951 年北京农业大学、清华大学成立造园组，1956 年高教部正式将造园组改名为"城市与居民区绿化专业"转入北京林学院（现北京林业大学），从 1963 年开始，分别于 1984 年、1993 年和 1998 年进行了四次本科专业目录修订，本专业先后以园林、风景园林、观赏园艺、城市规划等名称出现在工学或农学门类中。按教育部 1998 年颁布的《普通高等学校本科专业目录》，风景园林本科专业被取消，把风景园林专业划分到城市规划和园林两个专业中，即改为工学门类的城市规划专业和农学门类的园林专业。2003 年教育部又增设"景观建筑设计"本科专业、2006 年恢复本科"风景园林"专业，同年增设本科景观学专业。上述三个专业均归属工学门类土建类专业中。

自 1998 年以来，我国风景园林学科点和专业点增长迅速，本科专业点年平均增长约 14%、硕士点年平均增长约 19%、博士点年平均增长约 28%。截至 2012 年，全国设有风景园林本科专业点 184 个、一级学科硕士学位授权点 65 个、一级学科博士学位授权点 19 个、风景园林专业硕士点 32 个。2011 年国务院学位委员会对学科目录调整后，风景园林学和建筑学、城乡规划学一起成为一级学科，共同组成完整的人居环境科学体系。

2.2 风景园林相关学科

与本专业关系密切的学科有建筑学、城乡规划和生态学等专业。

1. 建筑学

建筑学是一门横跨人文、艺术和工程技术的学科，主要研究建筑物及其空间布局，为人的居住、社会和生产活动提供适宜的空间及环境，同时满足人们对其造型的审美要求。建筑学还涉及人的生理、心理和社会行为等多个领域；涉及审美、艺术等领域；涉及建筑结构和构造、建筑材料等多个领域以及室内物理环境控制等领域。

2. 城乡规划学

城乡规划学是一门研究城乡空间与经济社会、生态环境协调发展的一门复合型学科，主要研究城镇化与区域空间结构、城市与乡村空间布局、城乡社会服务与公共管理、城乡建设物质形态的规划设计等。城乡规划通过对城乡空间资源的合理配置和控制引导，促进国家经济、社会、人口、资源、环境协调发展，保障社会安全、卫生、公平和效率。

3. 生态学

生态学是研究生物与环境间的相互关系的科学，其研究对象主要是生物个体、种群和生物群落等。强化科学发现与机理认识，强调多过程、多尺度、多学科综合研究，重视系统模拟与科学预测，以及提升服务社会需求能力已成为生态学发展的目标，并从探求自然的理学走向理学、工程技术与社会科学的结合，实现了由认识自然的理论研究向理论与应用并举的重大跨越。

第 3 章　园林模型搭建

3.1　项目创建

首先打开 Revit2017 软件，在功能区柏慕软件，新建项目选择柏慕全专业样板，浏览选择保存的位置，文件名：园林景观，保存为"rvt"文件，确定（如图 3-1 所示）。

图3-1

将 1F 视图平面的文字指北针轴网删除，只保留四个立面视图（如图 3-2 所示）。

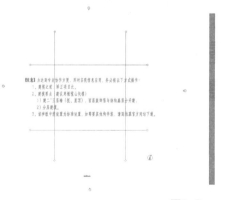

图3-2

3.2　标高轴网绘制

3.2.1　标高绘制

在"项目浏览器"→"视图"→"BIM_建筑"→"建模"→"立面"→"建筑 - 东"

将原有标高删除只留 ±0.000 标高，修改其标高名称为"标高 1"，弹出对话框：是否希望重命名相应视图单击"是"（如图 3-3 所示）。

单击"建筑"选项卡"基准"面板下"标高"命令（快捷键 LL），单击直线命令绘制标高，绘制的标高与标高 1 之间的临时尺寸标注修改为 4500，修改其标高名称为标高 2，弹出对话框：是否希望重命名相应视图单击是。再次绘制标高与标高 2 之间的临时尺寸标注修改为 4500，修改其标高名称为标高 3，弹出对话框：是否希望重命名相应视图单击是。再次绘制标高与"标高 1"之间的临时尺寸标注修改为"600"，修改其标高名称为"室外地坪"，弹出对话框：是否希望重命名相应视图单击"是"。按住"Ctrl"键单击选择刚刚绘制的"标高 2"、"标高 3"，从类型选择器下拉列表中选择"标头：上标头"。单击选择刚刚绘制的"室外地坪"，从类型选择器下拉列表中选择"标头：下标头"（如图 3-4 所示，标高可以在任一立面和剖面视图中绘制）。

点击"项目浏览器"→"？？？"→"楼层平面"选中相应的视图平面，在"属性"→"文字"下点选修改"视图分类 - 父"：BM_建筑，"视图分类 - 子"：建模如图 3-5 所示。

图3-3

图3-4

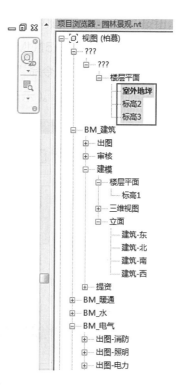

图3-5

选中"标高 1"平面视图,右键"带细节复制"并将复制的视图改名为"场地"（如图 3-6 所示 ）。

图3-6

3.2.2　轴网绘制

打开场地楼层平面,单击"建筑"选项卡"基准"面板下"轴网";单击直线命令绘制轴

图3-7

网,绘制垂直轴网,修改轴号为 1,选择 1 号轴线,在"修改 轴网"下选项卡"修改"面板单击"复制"工具,选项栏勾选"多个"和"约束"选项,移动光标在 1 号轴线上单击捕捉一点作为复制参考点,然后水平向右移动光标,输入间距值"7500"后按"Enter"键确认后完成 2 号轴线的复制。保持光标位于新复制的轴线右侧,继续依次输入"7500"后按"Enter"键确认后完成 3 号轴线的复制,如图 3-7 所示。

在"建筑"选项卡"基准"面板"轴网"工具,使用同样的方法在轴线下标头上方绘制水平轴线。选择刚创建的水平轴线,单击标头,标头数字 4 被激活,输入新的标头文字"A",完成 A 号轴线的创建,选择轴线"A",单击功能区的"复制"命令,选项栏勾选多重复制选项"多个"和正交约束选项"约束"然后向上移动光标,输入间距 7500 完成 B 轴 、保持光标位于新复制的轴线上侧,继续依次输入并在输入每个数值后按"Enter"键确认,完成 C~G 号轴线的复制（7500、2400、2100、2100、2400）,如图 3-8 所示,创建轴网可以在任一平面视图中绘制。

图3-8

单击"视图控制栏"中"显示隐藏的图元"，框选所有轴网，在"修改｜轴网"上下文选项卡下"修改"面板单击"移动"命令，单击移动的起点为 1 交 A 轴，移动的终点为"项目基点"如图 3-9 所示。

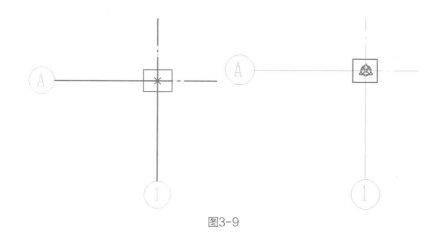

图3-9

移动完成后，单击"视图控制栏"中"显示隐藏的图元"，切换到非隐藏状态。框选所有轴网，单击"修改｜轴网"选项卡"修改"面板"锁定"命令（快捷键"PN"），如图 3-10 所示。

图3-10

3.3　链接模型

打开场地楼层平面，在插入选项卡中链接面板里找到链接 Revit 打开样板链接文件，且"定位"方式选择"自动 - 原点到原点"，如图 3-11 所示。

单击选择刚刚链接的模型，在"修改轴网"上下文选项卡下"修改"面板单击"移动"命令，单击移动的起点为模型 1 交 A 轴，移动的终点为绘制的 1 交 A 轴如图 3-12 所示。

注意：选用"自动 - 原点到原点"方式链接模型的前提是保证"项目基点"与轴网的相对置相同，即分专业建模时使用具有相同轴网的项目文件作为其他专业建模的初始文件。链接模型完成后保存项目。

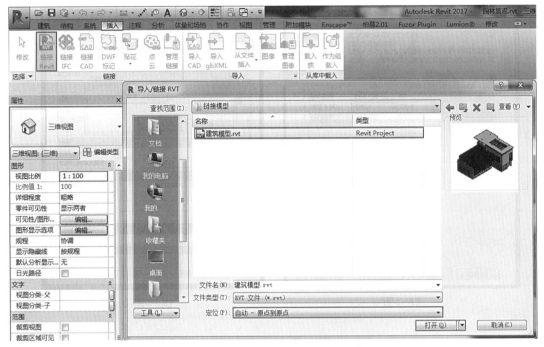

图3-11

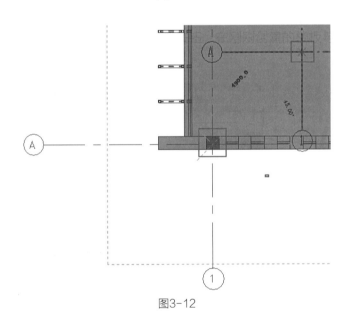

图3-12

3.4　绑定链接

　　进入"三维视图",选中链接模型进行绑定,取消勾选绑定链接选项,点击确定(如图 3-13 所示。)继续点击模型进行解组,(如图 3-14 所示。)

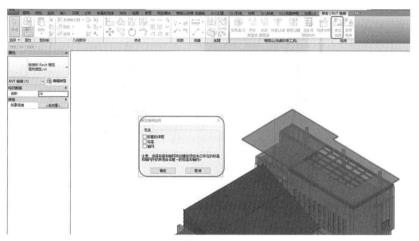

图3-13

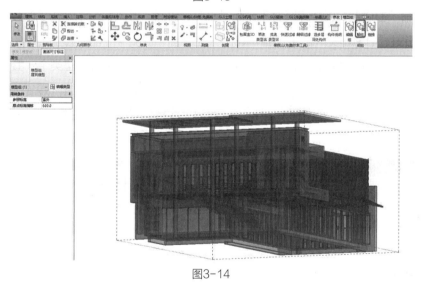

图3-14

3.5 项目保存

单击应用程序菜单按钮，将该项目保存，如图 3-15 所示。

图3-15

第 4 章　创建场地

本章内容主要运用 Revit 软件中"体量和场地"选项卡下相关命令完成中山门建筑周边场地景观的创建。图 4-1 为该建筑周边环境效果图和 Revit 搭建的场地模型。

图4-1

4.1　场地的设置

Revit 中可以定义场地的等高线、标记等高线高程、场地坐标、建筑红线、子类别（道路、地面铺装等）、放置场地构件（植物、建筑小品、停车场、车辆、人物等）。

4.1.1　创建地形表面

Revit 可以使用点或导入的数据来定义地形表面，可以在三维视图或场地平面中创建地形表面，本章中我们使用"高程点"命令，在场地平面视图中创建。

4.1.2　确定视图范围

在"项目浏览器"中找到并打开"场地"平面视图，在"属性"面板中找到"视图范围"选项单击"编辑"进行参数设置，（如图 4-2 所示）。

图4-2

4.1.3 绘制参照平面

打开"场地"平面视图中进入"建筑"选项卡找到"工作平面"面板，单击"参照平面"开始绘制参照平面，（如图4-3所示）。

图4-3

1）以建筑物为中心绘制一个矩形，北方向向上绘制距"G轴"60000mm的参照平面,西方向向左绘制距"1轴"30000mm参照平面，绘制一个矩形大小为110000mm×160000mm的参照平面，（如图4-4所示）。

2）在其右下角绘制如图4-5所示的参照平面，没有具体尺寸控制，大致绘制即可。

3）单击"体量和场地"选项卡→"场地建模"面板→"地形表面"按钮,（如图4-6所示）。进入地形表面编辑状态。

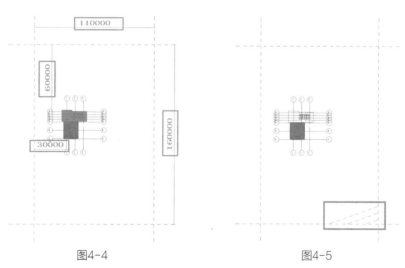

图4-4   图4-5

图4-6

4）选择"工具"面板下"放置点"按钮，在界面左上角的选项栏内"高程"编辑框内输入"-600"，（如图4-7所示）。

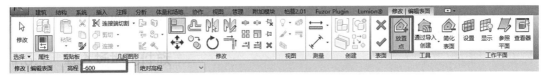

图4-7

5）鼠标移动到绘图区域，按照如图4-8所示放置高程点。

6）放置完"-600"的高程点后，修改选项栏中参数"高程：200"，在中间参照平面上放置若干高程为"200"的高程点。同理，修改选项栏中参数"高程：800"，在下方参照平面上放置若干高程为"800"的高程点，右下角边界放置一个高程为"1600"的高程点放置完成后退出绘制模式，在表面面板中确认绘制完成表面（如图4-9所示）。

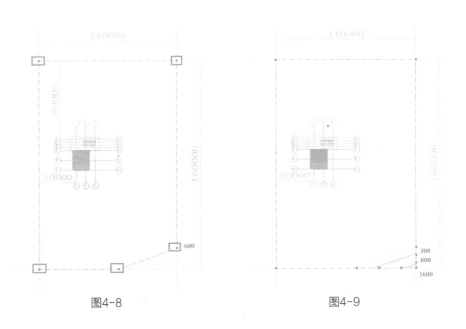

图4-8   图4-9

7）高程点放置完成后，单击地形表面，在左侧地形表面"属性"对话框中为其添加材质，进入"材质"对话框中搜索"草"，选择"O_草地"，单击"确定"，最后单击"完成编辑"（如图4-10所示）。

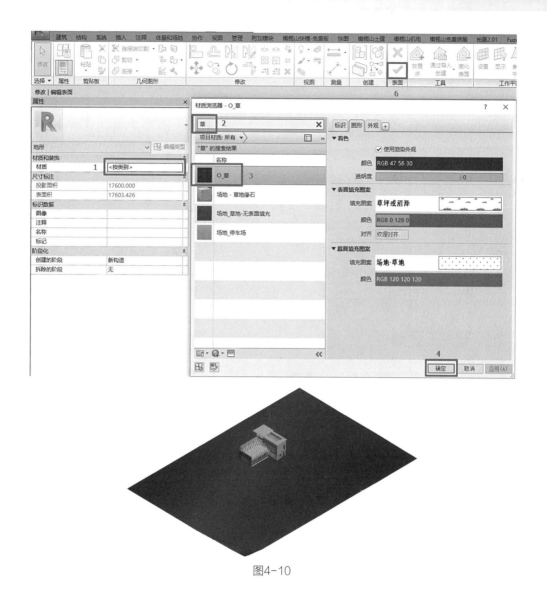

图4-10

4.1.4 创建建筑红线

建筑红线,也称"建筑控制线",指城乡规划管理中,控制城市道路两侧沿街建筑物或构筑物(如外墙、台阶等)靠临街面的界线。任何临街建筑物或构筑物不得超过建筑红线。

Revit中可以用绘制工具直接绘制也可以将测量数据输入到项目中创建,本节中选择"通过绘制来创建"。

1)打开"场地"平面视图,单击"体量和场地"选项卡→"修改场地"面板→"建筑红线"命令,选择"通过绘制来创建",如图4-11所示。

2)绘制建筑红线轮廓,边界距离上方参照平面距离"40000"、左方参照平面距离"22000"、下方参照平面距离"5000",左下角绘制转弯半径"19000"、距离右参照线边

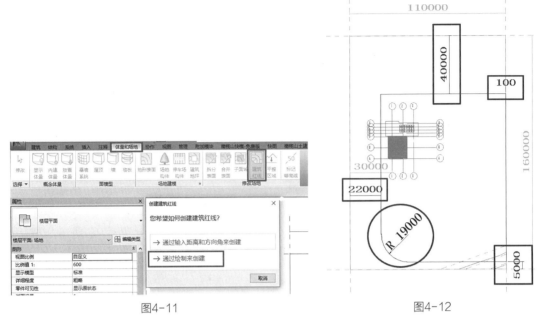

图4-11   图4-12

界距离为"100"。绘制完成后单击"模式"面板内的"完成编辑"命令，完成建筑红线的创建（如图 4-12 所示）。

3）更改建筑红线线样式，在"属性选项卡"→"图形"面板→"可见性/图形"设置（快捷键 VV），弹出对话框后在"模型类别"栏找到"场地"展开后把建筑红线的"投影/表面"线样式改为红色点击"确定"按钮"应用"完成（如图 4-13 所示）。

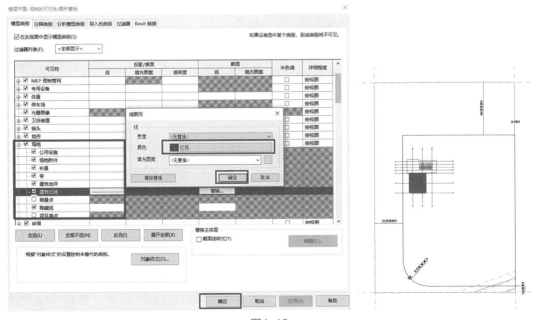

图4-13

4.2 地形编辑

4.2.1 创建道路系统

创建道路要用到 Revit 中"建筑地坪"命令,建筑地坪可以定义结构和深度。在绘制地坪后,可以指定一个值来控制其距标高的高度偏移,还可以指定其他属性。

可通过在建筑地坪的周长之内绘制闭合环来定义地坪中的洞口,还可以为该建筑地坪定义坡度。

1)在场地平面视图中,首先创建城市道路,单击"体量和场地"选项卡→"场地建模"面板→"建筑地坪"按钮(如图 4-14 所示),进入编辑状态。

图4-14

在场地平面视图中,绘制道路轮廓(如图 4-15 所示)。

2)在其"属性"对话框"标高"栏中改为"室外","自标高高度偏移"栏中改为"-100",单击该对话框"编辑类型"按钮,进入"类型属性"对话框,将其重命名为"城市道路"。

单击"类型属性"中结构"编辑"按钮,弹出"编辑部件"对话框,其中参数按照(如图 4-16

图4-15

图4-16

所示）进行设置，单击材质栏"按类别"栏末尾的三个点弹出材质浏览器，在材质浏览器左下侧新建材质并重命名为"场地 – 城市道路"，选中新建的"场地 – 城市道路"材质点击"外观"选项卡点击右上方"替换此资源"，单击资源浏览器后搜索"场地"选择"场地 – 城市道路"并双击应用，退出资源浏览器后单击"确定"，如图 4-17 所示。

图4-17

3）连续两次单击"确定"退出对话框，最后单击"模式"面板中的"完成编辑"命令，完成城市道路的创建。

注意：行车道路一般要低于场地地坪，因此创建城市道路时使用"建筑地坪"命令来创建，设置标高值"室外"。Revit 中也可以用"子面域"命令来创建道路，地形表面子面域是在现有地形表面中绘制的区域。创建子面域不会生成单独的表面，它仅定义可应用不同属性（例如材质）的表面区域。

下面我们将用子面域命令创建步行道路。

创建步行道路：在场地平面视图，单击"体量和场地"选项卡→"修改场地"面板→"子面域"按钮，进入步行道路系统的绘制界面，通过"绘制"功能面板内各项命令在场地中完成场地中步行路的轮廓，切记在此命令中创建的轮廓必须是一个闭合的轮廓（如图 4-18 所示）。

编辑完成轮廓后，在其"属性"对话框中"材质"栏中点击"按类别"搜索材质关键字"沥青"，单击"显示 / 隐藏库"面板选择"沥青，人行道"，将材质添加到文档中。最后单击"确定"，如图 4-19 所示。

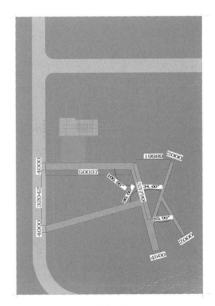

图4-18

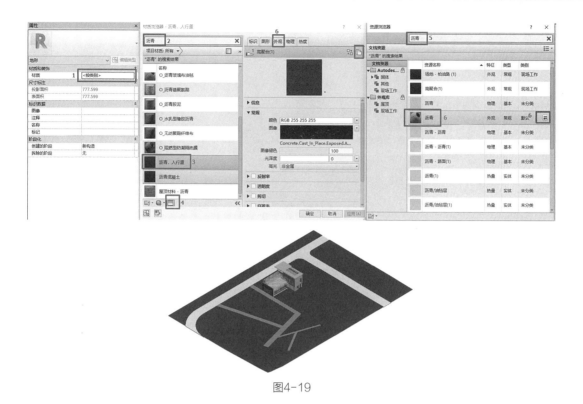

图4-19

4.2.2　创建建筑体量

根据现有的道路系统，定位那些建筑周边辅助表现效果的建筑体量。

打开可见性面板（快捷键 vv）将模型类别中的体量勾选上确定退出（如图 4-20 所示）。

图4-20

进入"场地"视图,单击"体量和场地"选项卡→"概念体量"面板→"内建体量"按钮（如图4-21所示）。

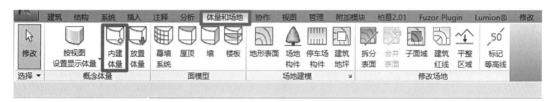

图4-21

用"绘制"面板下"矩形"命令创建体量的基底轮廓线分别单击绘制的矩形,单击"形状"面板／"创建形状"下"实心形状"命令，生成体量后，分别选取体量的上表面调整体量高度（如图4-22、图4-23所示）。

将路面部分用"空心形状"命令扣切出来，完成体量后进入三维视图查看效果（如图4-24所示）。

4.2.3 创建硬质铺装

创建硬质铺装主要是广场、停车场等供人员活动的硬质铺地部分，在这里我们用"子面域"命令创建。

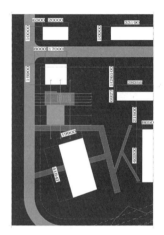

图4-22

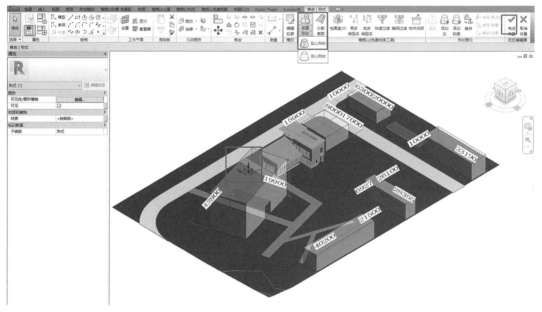

图4-23

　　打开"场地"视图，单击"体量和场地"选项卡→"修改场地"面板→"子面域"按钮，进入编辑状态。利用"绘制"面板内的命令绘制广场硬质铺装的轮廓（如图 4-25 所示）。

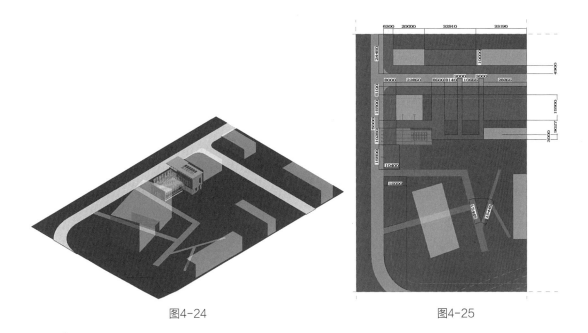

图4-24　　　　　　　　　　　　　　　　　　　图4-25

　　完成轮廓后在其"属性"对话框中"材质"选项栏内选择"S- 大理石"（如图 4-26 所示）。最后单击"模式"面板下"完成编辑"命令，完成地面铺装的创建（如图 4-27 所示）。

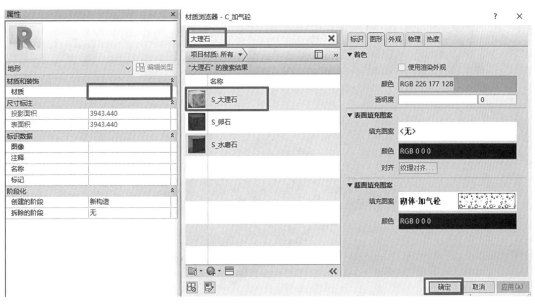

图4-26

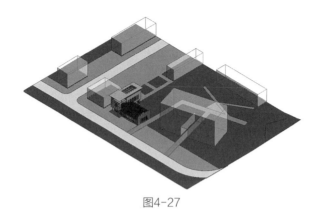

图4-27

注意：利用"子面域"命令创建的轮廓只能是闭合的轮廓。

创建停车场硬质铺装，同样用"子面域"命令创建。（注：子面域创建时各个边界线不能相交重合）。只需要注意材质的添加，将停车场的材质设置为"S_花岗岩.粗糙"即可。停车场创建完成后（如图4-28~图4-30所示）。

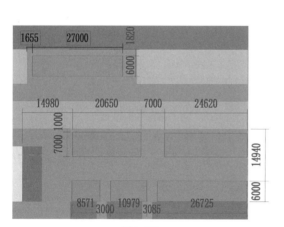

图4-28

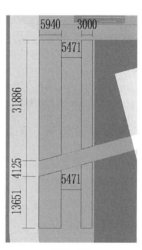

图4-29

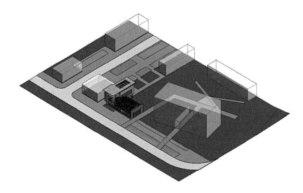

图4-30

4.3 创建水池

要想使建筑周边环境更加丰富生动,水体的设计必不可少,在这里水体设计我们依然用"子面域"命令去创建。

注意：本次编辑依旧是在"场地"视图当中

选择"体量和场地"选项卡→"修改场地"面板→"子面域"按钮，在"场地"视图内编辑售楼中心东侧水体轮廓，如图 4-31 所示。

编辑完成水体轮廓后在"实例属性"对话框中"材质"选项栏内选择为"水"，最后单击"完成编辑"，结果如图 4-32 所示。

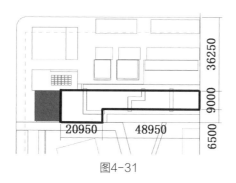

图4-31

图4-32

完成水体的创建后,来创建水池围护结构,单击"常用"选项卡→"构建"面板→"墙"按钮，在"属性"对话框"类型选择器"中选择"基墙 _ 砼实心砖 240 厚 -MU15-M10"，然后单击"类型属性"按钮，弹出"类型属性"对话框，使用对话框中的"复制"命令，重新创建一个类型，命名为"基墙 _ 水池围护 -400 厚"单击"确定"，(如图 4-33 所示)。

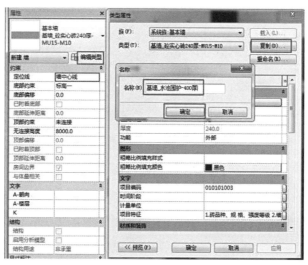

图4-33

设置厚度为"400",点击"结构"选项栏内的"编辑"按钮,弹出"编辑部件"对话框,设置材质为"场地 - 鹅卵石",如图 4-34 所示。

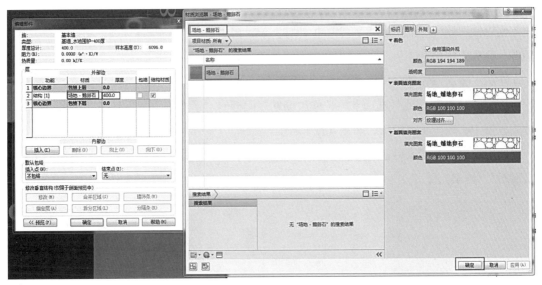

图4-34

设置完墙体的属性后我们开始绘制墙,在"属性"对话框中将"定位线"设置为"核心面:外部",将"底部限制条件"设置为"室内外",将"无连接高度"调整为"300",最后开始顺时针方向绘制墙体(如图 4-35 所示)。

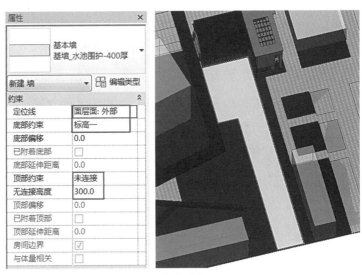

图4-35

创建完水池主体后,我们来创建水池边上的户外亲水平台和栈桥。

首先我们用"子面域"命令创建户外亲水平台。点击体量和场地选项卡里的"子面域"命令,开始编辑亲水平台轮廓(如图 4-36 所示)。

将"属性"中"材质"定义为"樱桃木",单击"完成编辑",最后创建完成两个亲水平台,如图 4-37 所示。

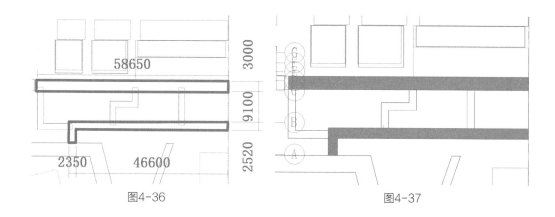

图4-36　　　　　　　　　　　　　　　　图4-37

创建完亲水台,继续创建水池上的栈桥,由于栈桥平面与室外地坪有高差,因此桥两端会有坡道或台阶。使用"楼板"命令创建栈桥,在楼板编辑中用"形状编辑"命令完成栈桥与地坪的连接问题。在创建之前先用"参照平面命令"画出栈桥的轮廓辅助线,如图 4-38 所示(注:栈桥的宽度是 1800mm)。

打开"场地"视图,单击"常用"选项卡→"构建"面板→"楼板"下拉列表中的"楼板"命令,进入楼板编辑界面绘制楼板轮廓,如图 4-39 所示。

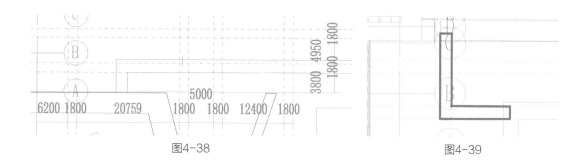

图4-38　　　　　　　　　　　　　　　　图4-39

打开楼板"实例属性"对话框,将"标高"栏设定为"室外","相对标高"栏设定为"310"。单击对话框中的"编辑类型"按钮,进入"类型属性"对话框。在"类型"选项栏中单击右侧下拉列表,从中选择"地 1- 水泥砂浆面层 20 厚",然后单击对话框右上角"复制"命令创建一新的类型"地 _ 木质 -100 厚"楼板,然后单击"确定",如图 4-40 所示。

接下来编辑它的结构构造。单击"结构"选项栏的"编辑"按钮,弹出"编辑部件"对话框,将"层"参数栏内的结构"面层 1[4]""材质"类型选择为"樱桃木",厚度为"100"如图 4-41 所示。

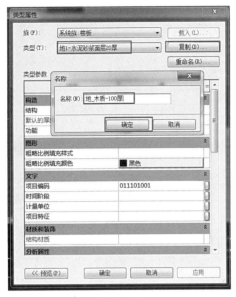

图4-40　　　　　　　　　　　　　　　　　　图4-41

　　连续两次单击"确定"完成楼板材质编辑，界面重新回到绘制楼板轮廓。然后再单击"完成编辑"。选中绘制完成的楼板，这时操作界面会出现一个"形状编辑"面板，如图 4-42 所示。

　　单击"形状编辑"面板→"添加分隔线"按钮，在刚刚创建的楼板与水池围护外边沿交界处各绘制一条线段，如图 4-43 所示。

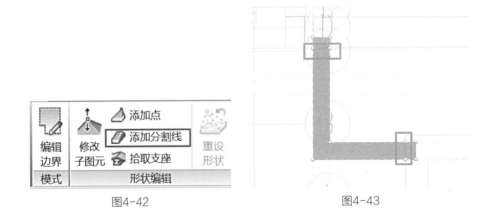

图4-42　　　　　　　　　　　　　　图4-43

　　然后再单击"形状编辑"面板→"修改子图元"按钮，编辑楼板的两端高差，鼠标单击楼板边缘的一点，点的右上角会出现数字"0"，如图 4-44（a）所示，再次单击数字"0"这时光标闪动可输入数值，将数值改为"-300"后鼠标单击空白处完成修改图元，这样依次将楼板两端的四个端点全部定义为"-300"，如图 4-44（b）所示，编辑完成后单击键盘上"Esc"键退出楼板编辑命令。

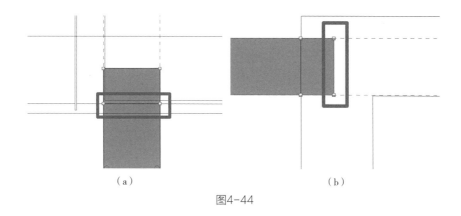

（a）　　　　　　　　　　　（b）

图4-44

　　创建完栈桥桥面后接着创建桥面支撑柱。

　　单击"建筑"选项卡→"构建"面板→"柱"面板下拉列表中的"结构柱"命令，在"属性"对话框的"类型选择器"中找到"混凝土 – 圆形 – 柱"，单击"类型属性"按钮，使用"复制"命令新建一个类型柱，将名称定义为"桥桩"后单击"确定"，如图 4-45 所示。

　　将"类型参数"栏内的"尺寸标注""b"值改为"150"，再次单击"确定"。回到"属性"对话框将"柱材质"栏的材质类型修改为"场地 _ 桥桩"，如图 4-46 所示。

图4-45

图4-46

　　调整完桥桩的类型和材质后，开始放置桥桩。在"属性"对话框内"基准标高"调整为"室外"，"顶部标高"标高也调整为"室外"，"顶部偏移"调整为"300"（如图 4-47 所示）。

　　最后创建栈桥扶手。首先进入"场地"视图，单击"建筑"选项卡 /"楼梯坡道"面板 /"栏杆扶手"按钮，如图 4-48 所示。然后在"属性"对话框，单击"编辑类型"按钮，在弹出对话框中将"类型"选项栏选择为"1100mm"后，单击"确认"返回扶手编辑界面。

图4-47　　　　　　　　　　　　图4-48

　　在绘制扶手路径之前先单击"工具"面板下"拾取新主体"按钮,如图4-49(a)所示,然后鼠标点击栈桥完成主体的拾取,接着使用"绘制"面板内的命令绘制扶手路径,如图4-49(b)所示。每次绘制扶手路径必须是一条连续不间断的线。

　　用相同命令绘制另一边的扶手。绘制完后,用鼠标拾取栈桥的桥面、桥桩、扶手将其创建成组,如图4-50所示。命名为"栈桥1"。

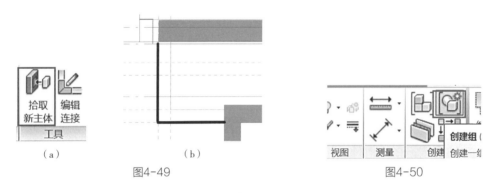

图4-49　　　　　　　　　　　　　　图4-50

　　完成后进入三维视图查看效果(如图4-51所示)。

　　注意:扶手的创建默认水平生成在楼层平面标高处,所以要创建楼梯、坡道扶手或者阳台扶手时,首先要使用"拾取新主体"命令,拾取相应楼梯、坡道或楼板,选择扶手生成方式。

　　用相同的步骤依次创建其他两个栈桥,结果如图4-52所示。

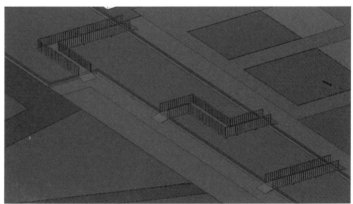

图4-51　　　　　　　　　　　　　　　图4-52

4.4　创建路缘石

主要部分创建完成后，创建路缘石和各部分间交界处的缘石。

为了便于对工程材料的统计，我们可以用创建"墙"的方式创建路缘石。这需要我们定义它的名称、材质、厚度、高度等参数。

打开"场地"视图，单击"建筑"选项卡→"构建"面板→"墙"下拉选项中"墙:建筑"命令。绘制墙体前，先在"类型属性"创建墙的名称"马路缘石"，然后在其"编辑部件"对话框中设置缘石的厚度为"100"，材质为"场地 – 马路缘石"（如图 4-53 所示）。

完成结构材质等设置后，在"属性"对话框中将"底部约束"调整为"室外"，将"底部偏移"调整为"–100"，"顶部约束"调整为"未连接"，将"无连接高度"调整为"150"，如图 4-54 所示。调整完成后开始顺时针方向沿马路边缘绘制。

图4-53

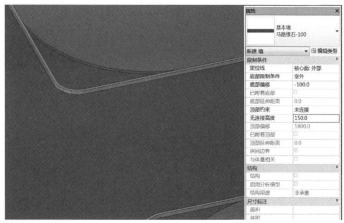

图4-54

按照绘制马路缘石的方法，创建其他边界缘石，最终完成场地编辑，如图 4-55 所示。

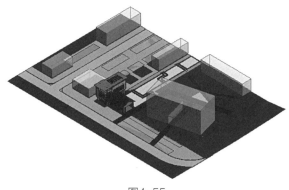

图4-55

4.5　添加场地构件

场地构件包括植物、环卫设施、照明设施、景观小品、交通工具等。在添加场地构件前我们先载入相应的构件族以备添加时使用。

4.5.1　载入场地构件族

添加场地构件之前我们首先将需要添加的构件族载入到项目中去。

项目浏览器中打开"场地"视图,单击"体量和场地"选项卡→"场地建模"面板→"场地构件"命令,然后单击"模式"面板/"载入族"命令(如图 4-56 所示)。

图4-56

弹出"载入族"对话框,在 Revit 默认族库(场地、配景、植物等文件夹内)中找到项目需要的场地构件族,如图 4-57 所示,最后单击"打开"命令。

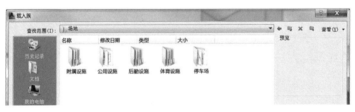

图4-57

4.5.2　布置场地构件

载入族后,我们开始向场地中布置构件。

在"实例属性"中"类型选择器"中选择自己需要的场地构件(如图 4-58 所示)。在标高栏内调整构件底部基准标高。

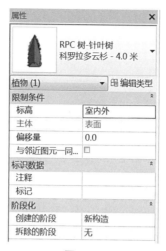

图4-58

最后完成所有场地构件的布置，如图 4-59、图 4-60 所示。

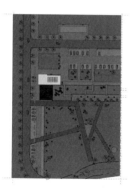

图4-59

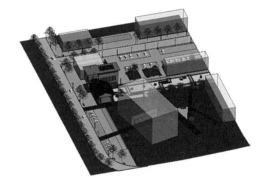

图4-60

第 5 章　模型细化

本章讲解模型搭建完成后对各个视图进行细化和整理，包括平面图、立面图、剖面图等。不同的视图平面表达不尽相同，可能需要隐藏一些图元，或添加一些特定图元。

5.1　平面图细化

建筑总平面图主要表现的是建筑与基地周边环境、道路等的关系，还有主体建筑的主入口、次入口的位置，各个建筑的层高数等。总平面图上需要有指北针，标志整个基地的位置朝向，风玫瑰图标志整个基地的风向等地理风貌，总之，对于一套建筑图来说，总平面图是至关重要的，能体现设计者对整个基地环境以及建筑的整体把握。

打开场地平面视图，单击"属性"对话框中"视图比例"设置为 1：500，"可见性/图形替换"（快捷键 VV）右侧的"编辑"按钮（如图 5-1 所示）。在弹出的对话框中，点击"注释类别"栏，将其子类别剖面、参照平面、立面、轴网取消勾选前面的复选框单击"确定"（如图 5-2 所示）。

点击"插入"选项卡→"从库中载入面板"→"载入族"命令，选择族库"注释"文件夹→"符号"→"建筑"→"指北针"，将其打开载入到项目中来（如图 5-3 所示）。

图5-1

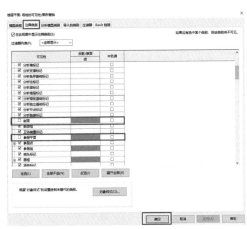

图5-2

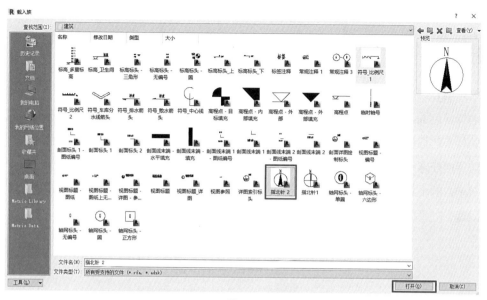

图5-3

单击"注释"选项卡→"符号"面板→"符号"命令，"属性"中默认选择刚刚载入进来的"指北针 .rfa"，将其放置在场地平面视图的右上角，如图 5-4 所示。

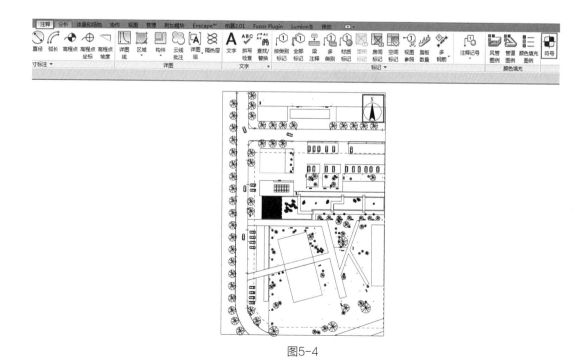

图5-4

5.2 立面图细化

进入南立面视图，同上述步骤打开该视图"可见性 / 图形替换"对话框，在"注释类别"里取消掉"剖面、参照平面"的显示，在"模型类别"里勾选"墙"，并调整标高的位置，使其两侧标头对称位于建筑的两侧（注意：要在 2D 模式下进行操作）。

选择挡在建筑前方的植物，鼠标右键点击"在视图中进行隐藏"→"图元"（如图 5-5 所示）。将建筑前方的植物隐藏掉，如图 5-6 所示。

同理，处理北立面、东立面和西立面视图，结果如图 5-7~ 图 5-9 所示。

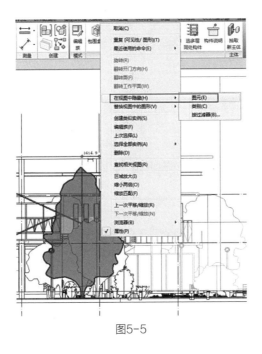

图5-5

图5-6

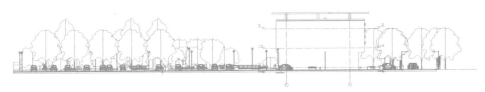

图5-7

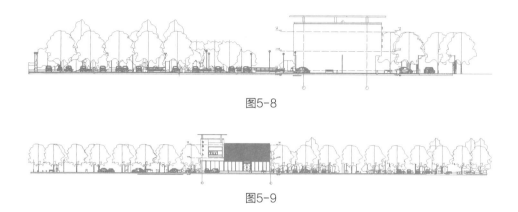

图5-8

图5-9

5.3 剖面图细化

剖面图主要剖切建筑复杂部位，主要强调建筑的表现，因此方案阶段配景尽量少，将多余的场地构件图元在视图中进行隐藏，双击"室外"视图，"视图"选项卡"创建"面板"剖面"命令绘制剖面，如图 5-10 所示。

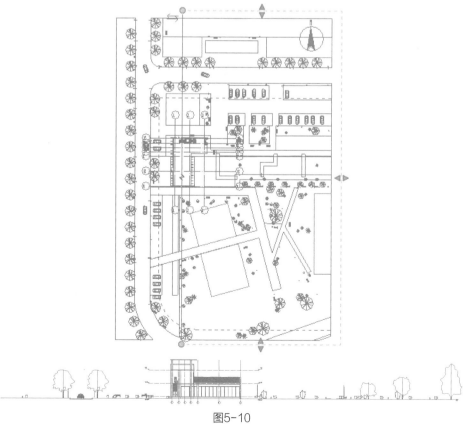

图5-10

剖面图中场地被剖切时可以调节显示的"剖面填充样式"和"深度",单击"体量和场地"选项卡→"场地建模"面板右侧斜下拉箭头(如图5-11所示)。在弹出来的"场地设置"对话框中,修改"剖面填充样式"栏内的材质参数和"基础土层高程"的数值(如图5-12所示)。

图5-11

图5-12

确定后效果(如图5-13所示)。

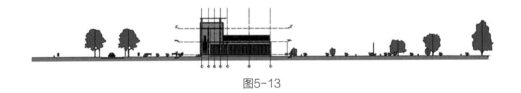

图5-13

第6章 场地构件统计

场地构件的统计是场地设计中很重要的一项工作，我们可以通过创建明细表的方法，很快的统计出场地构件的种类和数量。

6.1 创建场地构件明细表

单击"视图"选项卡→"创建"面板→"明细表"下拉列表中的"明细表/数量"命令（如图6-1所示）。

在弹出的"新建明细表"对话框左侧"类别"选项栏内单击"场地"，右侧"名称"栏用鼠标左键单击输入统计表的名称，并在下部"建筑构件明细表"一项前用鼠标左键单击，最后单击"确定"。

图6-1

单击"确定"后会弹出"明细表属性"对话框，在左侧类别选择器中选择"类型"然后单击右侧的"添加" 添加(A) →，所选的类型会在右侧"明细表字段"中出现，这样依次为明细表添加"族与类型"、"合计"、"说明"，可单击"上移""下移"来完成他们几个的类别的排列顺序（如图6-2所示）。

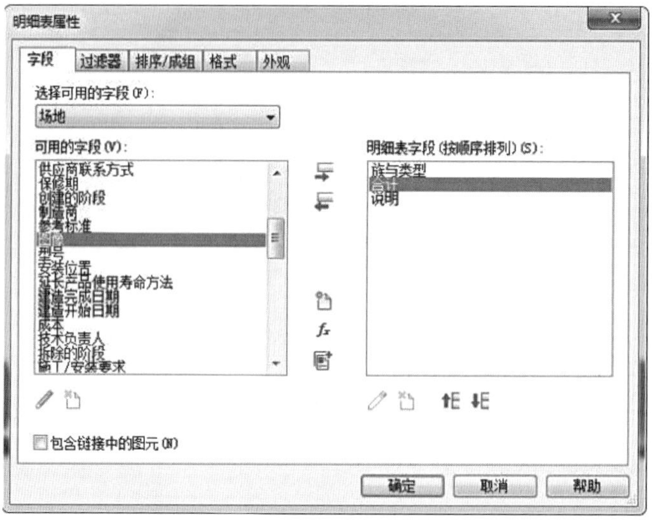

图6-2

接着单击"明细表属性"对话框上方"排序 / 成组"按钮，单击"排序方式"选项栏后的小三角图标，从下拉菜单中单击"族与类型"，并在右侧"升序"前单击鼠标左键，接着在对话框左下角"总计"前单击鼠标左键，并在后面的选项栏中的下拉菜单里选择"标题和总数"，取消勾选"逐项列举每个实例"（如图 6-3 所示）。

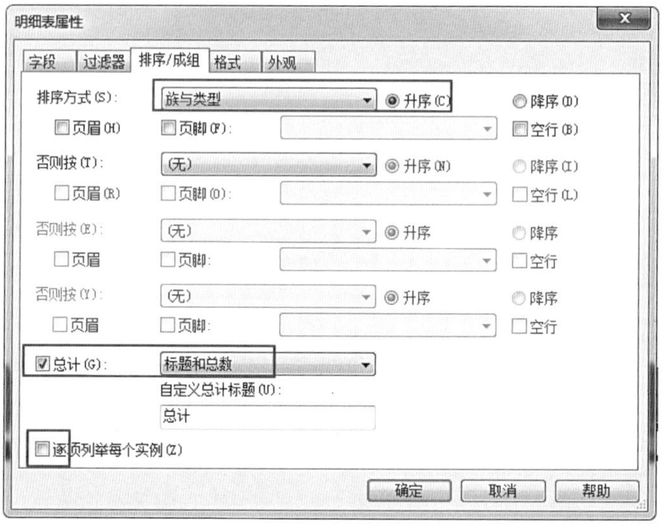

图6-3

最后"明细表属性"对话框上方"格式"按钮，单击"字段"栏下"合计"，从右侧"字段格式"下"标准"改为"计算总数"，如图 6-4 所示，然后在"字段"栏下单击"族与类型"，从右侧"标题"栏内鼠标单击输入"种类"，如图 6-5 所示。最后单击"确定"。

Revit 自动统计该项目中所有场地构件，完成"场地构件明细表"（如图 6-6 所示）。

图6-4

图6-5

〈场地明细表〉		
A	**B**	**C**
种类	合计	说明
BM_公园长椅: 1500mm	29	
BM_垃圾桶: BM_垃圾桶	25	
BM_花盆: 0900 x 0900mm	5	
总计	59	

图6-6

自动完成的明细表中"说明"栏太短，无法显示完整的说明内容，因此需要我们对表格的宽度进行调整，将鼠标光标放到表格两列间的边界时，单击鼠标左键会出现一个拉伸的符号，单击鼠标左键左右拖动即可调整表格的各项的宽度。最后在"说明"栏内输入各种构件的布置原则。

6.2　创建植被明细表

　　场地植被树木的统计也是场地设计中很重要的一项工作，可用创建植物明细表的方法来对其进行统计。

　　单击"视图"选项卡→"创建"面板→"明细表"下拉列表中的"明细表/数量"命令，弹出对话框（如图6-7所示）在左侧"类别"选项栏内单击"植物"，右侧"名称"栏用鼠标左键单击输入统计表的名称，并在下部"建筑构件明细表"一项前用鼠标左键单击，最后确定。

图6-7

　　单击"确定"后会弹出"明细表属性"对话框，在左侧类别选择器中选择"类型"然后单击右侧的"添加" 添加(A) --> ，所选的类型会在右侧"明细表字段"中出现，这样依次为明细表添加"族与类型"、"合计"、"说明"，可单击"上移""下移"来完成他们几个的类别的排列顺序，如图6-8所示。

图6-8

接着单击"明细表属性"对话框上方"排序/成组"按钮，弹出对话框后单击"排序方式"选项栏后的小三角图标，从下拉菜单中单击"族与类型"，并在右侧"升序"前单击鼠标左键，接着在对话框下部"总计"前单击鼠标左键，并在后面的选项栏中的下拉菜单里选择"标题和总数"，"逐项列举每个实例"前复选框不勾选，如图6-9所示。

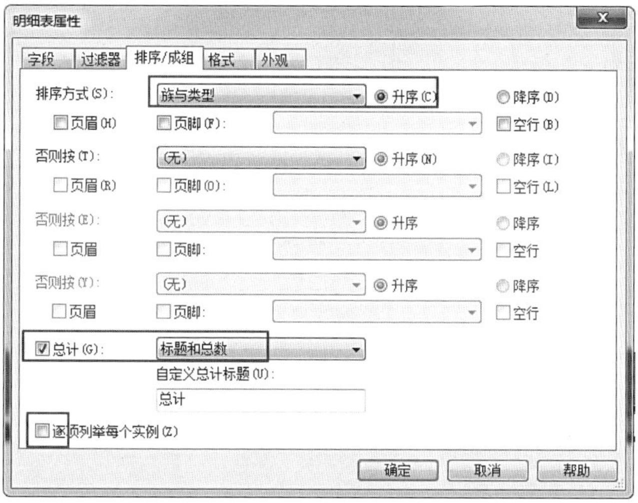

图6-9

最后"明细表属性"对话框上方"格式"按钮，弹出对话框后单击"字段"栏下"合计"，从右侧"字段格式"下"标准"改为"计算总数"（如图6-10所示）。然后在"字段"栏下单击"族与类型"，从右侧"标题"栏内鼠标单击输入"树种"（如图6-11所示）。最后单击"确定"。

完成"植物明细表"（如图6-12所示）。

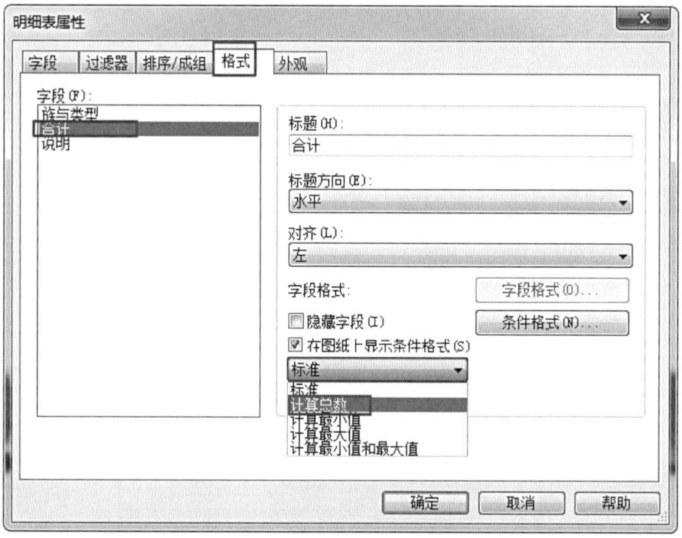

图6-10

图6-11

〈植物明细表〉		
A	B	C
树种	合计	说明
BM_树-春天：皂荚树 - 7.6 米	8	
BM_树-春天：鸡爪枫 - 3.0 米	14	
BM_灌木：丁香 - 3.0 米	11	
BM_灌木：八仙花 - 1.12 米	36	
BM_灌木：黄杨木 - 0.8 米	5	
BM_荷花：荷花	12	
BM_落叶树：大齿白杨 - 7.6 米	42	
BM_落叶树：白蜡树 - 5.6 米	14	
BM_落叶树：金链花 - 5.5 米	1	
BM_落叶树：钻天杨 - 3.2 米 3	1	
BM_落叶树：钻天杨 - 12.2 米	4	
总计	148	

图6-12

6.3 创建照明设备明细表

照明设备的统计也是场地设计中很重要的一项工作，同样用创建植物、场地构件明细表的方法来对其进行统计（如图6-13所示）。

〈照明设备明细表〉		
A	B	C
类型	合计	说明
BM_安全岛指示灯：草坪	53	
BM_庭院灯：庭院灯	42	
BM_草灯：草灯	27	
总计	122	

图6-13

第 7 章　渲染与漫游

在商业领域里，建筑效果图通常使用手绘效果图和电脑效果图来表现，大家熟知的软件有 3*SG^、Sketchup 等软件，本章来讲解用 Revit 软件对建筑、场地模型进行渲染，导出渲染图片以及学习创建漫游动画的方法，让大家体会 Revit 在三维表现方面的独特魅力。

7.1　创建场地渲染图像

7.1.1　创建相机视图

打开"场地"视图，单击"视图"选项卡→"创建"面板→"三维视图"→"相机"命令（如图 7-1 所示）。将鼠标放到视点所在的位置单击鼠标左键，然后拖动鼠标朝向视野一侧，然后再次单击左键，完成相机的放置（如图 7-2 所示）。

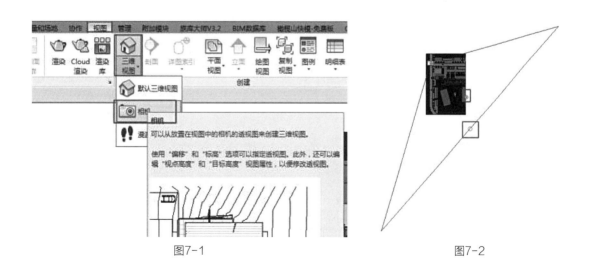

图7-1　　　　　　　　　　　　　　　　图7-2

放置完相机后当前视图会自动切换到相机视图，上下左右四个点可以拖拽图片大小（如图 7-3 所示）。

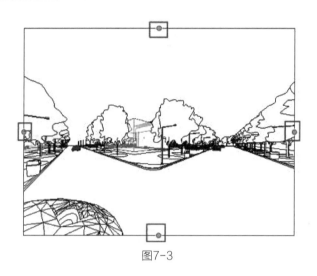

图7-3

7.1.2 调整材质渲染外观

再次创建相机,在相机视图中,点击建筑外墙(如图7-4所示)。进入其"类型属性"→"编辑部件"对话框,将墙体内外面层材质修改为"砌体－石头"后,单击"确定"(如图7-5所示)。

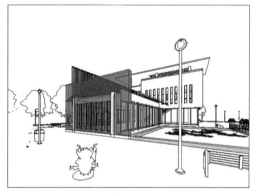

图7-4

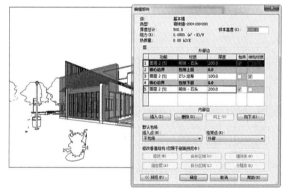

图7-5

单击(如图7-6所示)墙体,查看其外部面层材质是否为"ZTJ保温_聚苯板",如果不是请修改成"ZTJ保温_聚苯板"。

点击"管理"选项卡→"设置"面板→"材质"命令(如图7-7所示),进入到材质对话框,左侧材质列表找到"ZTJ保温_聚苯板",右上角点击"外观"按钮(如图7-8所示)。

单击"打开／关闭""资源浏览器",进入到"资源管理器"面板,左侧"外观库"列表中选择"墙漆"/"橙红色",此时,渲染外观的颜色已确定,如图7-9所示。

同理,调节"砌体_石头"的渲染外观为"石料"/"不均匀的小矩形石料－褐色"(如图7-10所示)。

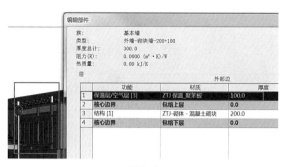

图7-6

图7-7

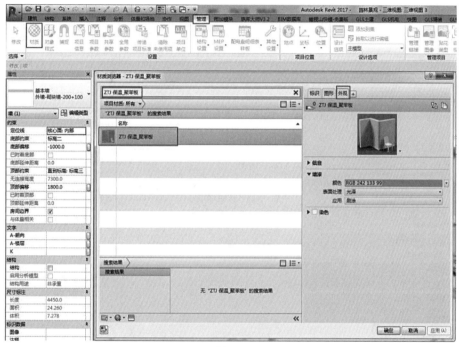

图7-8

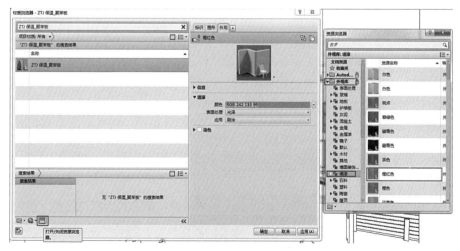

图7-9

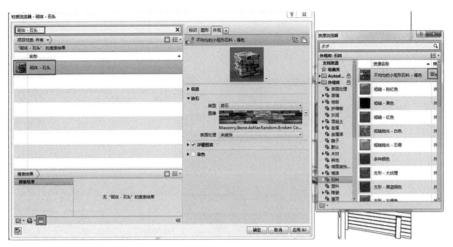

图7-10

同理，调节"玻璃"材质的渲染外观为"玻璃制品"/"淡蓝色反射"（如图 7-11 所示）。

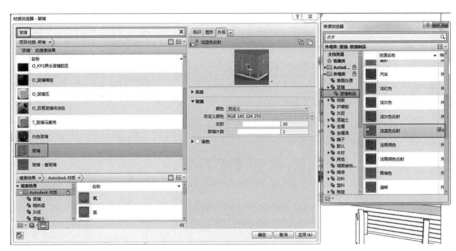

图7-11

初步材质渲染外观设置完毕，其余材质的渲染外观设置方法相同，在这里就不一一列举，读者可根据自己的设计理念，将建筑和场地模型定义不同的材质外观。

7.1.3 渲染图像

渲染视图前首先要进入将要渲染的相机视图，单击"视图"选项卡→"图形"面板→"渲染"命令（如图 7-12 所示）。

弹出渲染对话框，首先我们来调节下渲染出图的质量，单击对话框"质量"栏内"设置"选项框后下拉菜单，从中选择渲染的标准，渲染的质量越好，需要的时间就会越多，所以我们要根据需要设置不同的渲染质量标准（如图 7-13 所示）。

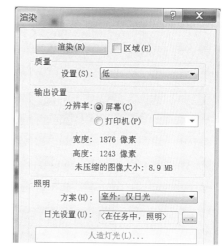

图7-12　　　　　　　　　　　　　　图7-13

在"渲染"对话框中"输出设置"栏内调节渲染图像的"分辨率","照明"设置栏内将"方案"选项栏内设置为"室外:仅日光点击"。"背景"设置栏内可设置视图中天空的样式,点击"样式"下拉菜单选择"图像",下方出现"自定义图像"设按钮,点击进入"背景图像"对话框,再单击右上角"图像"命令,可以在电脑中选择一张下载好的"天空"图片,载入到该项目中（如图7-14所示）。这样渲染出来的图像更加真实生动。

图7-14

所有参数设置完成后,单击对话框左上角的"渲染"按钮,开始进入渲染过程,渲染完成后单击对话框下端"保存到项目中"可以将渲染图像保存到"项目浏览器"/"？？？"/"渲染"栏下（如图7-15所示）。

点击"渲染"对话框下端"导出"命令,弹出对话框后设置图像的保存格式和存放位置,如图7-16所示为渲染完成图像。

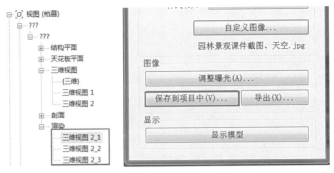

图7-15

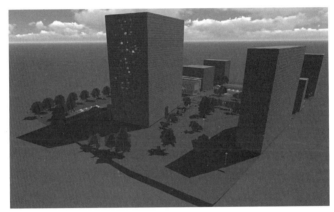

图7-16

7.2 创建场地漫游动画

首先我们先创建一条路径，然后去调节路径上每个相机的视图，最后所有视图连接起来就组成一个漫游。

在项目浏览器中进入"BM_建筑"→"建模"→"场地"平面视图。单击"视图"选项卡→"创建"面板→"三维视图"→"漫游"命令（如图7-17所示）。

图7-17

注意：选项栏中可以设置路径的偏移量（高度），默认为 1750，可单击 1750 修改其偏移量（高度）。

光标移至绘图区域，在场地平面视图售楼中心西北方向单击，开始绘制路径，即漫游所要经过的路线。光标每单击一个点，即创建一个关键帧，沿售楼中心周围逐个单击放置关键帧，路径围绕售楼中心一周后，鼠标单击"漫游"面板→"完成漫游"命令，完成漫游路径的绘制，单击"编辑漫游"如图 7-18 所示。

完成路径后，项目浏览器→"视图"→"？？？"中出现"漫游"项，可以看到刚刚创建的漫游名称是"漫游 1"（如图 7-19 所示）。双击"漫游 1"打开漫游视图。

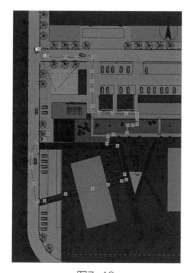

图7-18

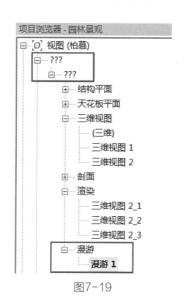

图7-19

打开项目浏览器中"BM_ 建筑"→"建模"项，双击"场地"，打开场地平面图，单击"视图"选项卡→"窗口"面板→"平铺"（快捷键 WT ）命令，此时绘图区域同时显示平面图和漫游视图。

单击漫游视图的视图控制栏"视觉样式"图标，将显示模式替换为"着色"，选择漫游视口边界，单击视口四边上的控制点，按住向外或向内拖拽，放大或缩小视口（如图 7-20 所示）。

图7-20

选择漫游视口边界，单击选项栏的"编辑漫游"按钮，在场地视图上单击，激活场地平面视图，此时选项栏的工具可以用来设置漫游，如图7-21所示参数，帧数输入"1""300"，按"Enter"键确认，从第一帧开始编辑漫游。当"控制"项选择"活动相机"时，场地平面视图中相机为可编辑状态，此时可以拖拽相机视点改变相机方向，直至观察三维视图该帧的视点合适。单击"控制"→"活动相机"后向下箭头，替换为"路径"即可编辑每个关键帧的位置，在场地视图总关键帧变为可拖拽位置的蓝色控制点。

第一个关键帧编辑完毕后单击选项栏的下一关键帧图标，借此工具可以逐帧编辑漫游，使每帧的视线方向和关键帧位置合适，得到完美的漫游。

如果关键帧过少，可以单击选项栏"控制"→"活动相机"后下拉箭头，替换为"添加关键帧"。光标可以在现有两个关键帧中间直接添加新的关键帧，而"删除关键帧"则是删除多余关键帧的工具。

注意：为使漫游更顺畅，Revit在两个关键帧之间创建了很多非关键帧。

编辑完成后可按"漫游"面板的"播放"键，播放刚刚完成的漫游（如图7-22所示）。

图7-21

图7-22

注意：如需创建上楼的漫游，如从1F到2F，可在1F起始绘制漫游路径，沿楼梯平面向前绘制，当路径走过楼梯后，可将选项栏"自"设置为"2F"，路径即从1F向上，至2F，同时可以配合选项栏的"偏移值"，每向前几个台阶，将偏移值增高，可以绘制较流畅的上楼漫游。也可以在编辑漫游时，打开楼梯剖面图，将选项栏"控制"设置为"路径"，在剖面上修改每一帧位置，创建上下楼的漫游。

漫游创建完成后可单击应用程序菜单→"文件"→"导出"→"图像和动画"→"漫游"命令（如图7-23所示）。弹出"长度/格式"对话框（如图7-24所示）。

其中"帧/秒"项设置导出后漫游的速度为每秒多少帧，默认为15帧，播放速度会比较快，建议设置为3-4帧，速度将比较合适，按"确定"后弹出"导出漫游"对话框，输入文件名，并选择路径，单击"保存"按钮，弹出"视频压缩"对话框（如图7-25所示）。默认为"全帧（非压缩的）"，产生的文件会非常大，建议在下拉列表中选择压缩，此模式为大部分系统可以读取的模式，同时可以减小文件大小，单击"确定"将漫游文件导出为外部AVI文件。

图7-23

图7-24

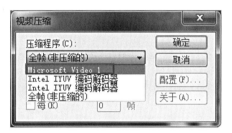

图7-25

第 8 章　渲染与漫游（Lumion）

Lumion 在实际工作中被广泛应用于园林景观规划，建筑立面效果的表达，室内装修。也因为 Lumion 可以实现可视化调整而被设计人员广泛应用。

8.1　Revit 导 Lumion

单击"Lumion"中的"Export"，弹出"Lumion LiveSync v4.01"单击"Export"（如图 8-1 所示）。选择文件导出的位置，单击"确定"。

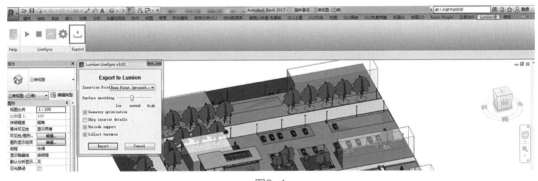

图8-1

8.2　界面介绍

第一次进入 Lumion9.0 默认语言为英文，点击 US 图标默认为英语字体，更改为 CN 中国字体（如图 8-2 所示）。

进入开始界面首先映入眼帘是 6 个场景模板，分别表示为：白天、朝阳、夜晚、草原、河流和白面。在一个项目的一开始需要选择一个模板为基础，来制作项目（如图 8-3 所示）。

左边选择第二个选项卡 ▦ 输出范围，这里是系统预设的 9 个场景，可以预览系统预设的 9 种风格不同的场景（如图 8-4 所示）。

图8-2

图8-3

图8-4

下一个功能是文件的打开功能，在这里点击加载场景，浏览文件位置就可以打开 Lumion LS8 (.ls8) 文件，这个格式的文件格式也是 9.0 独立的文件。Lumion9.0 的文件使用 lumion7.0 是无法打开的（如图 8-5 所示）。

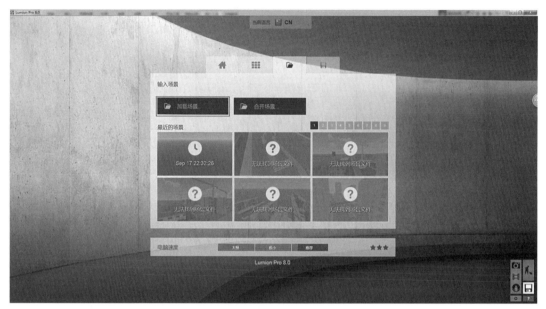

图8-5

右下方的文件夹图标，此功能是保存功能，下方可以给将储存的文件加上标题与备注。最下方为操作设备的运行速度，分为太慢、极小和推荐，在制作大型项目的时候对电脑配置要求较高（如图 8-6 所示）。

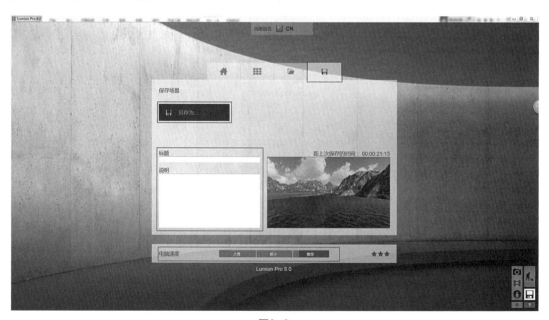

图8-6

点击右下方齿轮标志，打开设置面板，看到上方出现一列黑色图标。

1）显示高品质地形这个功能在打开的时候，制作的山地岩石会以一个更高的图像质量显示，快捷键是 F7，在镜头距离远离地面的情况下系统会自动隐藏一部分地形，而开启此功能后不论镜头距离地面多远都可以看到地形。

2）高素质树木，在此功能没有开启的时候，Lumion 会将离视口距离远的树木隐藏。而在开启高材质树木后不论多远的距离都可以看到树木的枝叶。

3）平板电脑输出这个功能可以让用户实现平板电脑上进行操作。

4）反转相机操作在 Lumion 里的相机视口移动，是鼠标右键按住后向上推动鼠标，视口就会跟着向上移动，但是开启反转相机视口后，视口就会反向移动。

5）为功能编辑静音，在 Lumion 里是可以放置声音，而开启这个功能后用户在编辑模式里的声音就会被静音。最后一个功能是全屏模式，Lumion 默认窗口是窗口化模式，如果想要全屏模式可以开启这个功能。

上面的一排功能是调整编辑模式下的一些状态使用的。下方编辑状态下的品质选择这里可以根据电脑性能来自动调整，品质质量对操作模式下的运行速度有显著影响。但是一些特效，阴影和灯光只有在三颗星显示品质的情况下才会在编辑模式显示。编辑分辨率这里通常情况下需要 100%，调整分辨率会导致画面出现模糊不清虽然降低了编辑的卡顿情况，但是不便于操作与观察。最下方的是单位选择公职 M（如图 8-7 所示）。

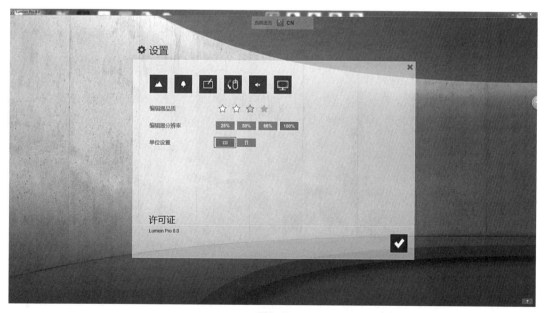

图8-7

8.3 模型导入 Lumion

打开开始预制样板选择界面，选择一个样板进入编辑模式（如图 8-8 所示）。

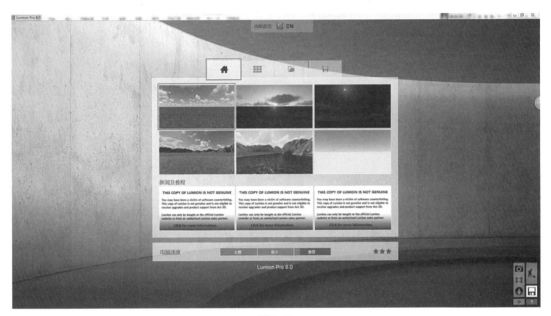

图8-8

进入第一个场景样板后，可以将鼠标悬停右下角问号，系统出现提示，在界面中的功能都会出现基本的介绍（如图 8-9 所示）。

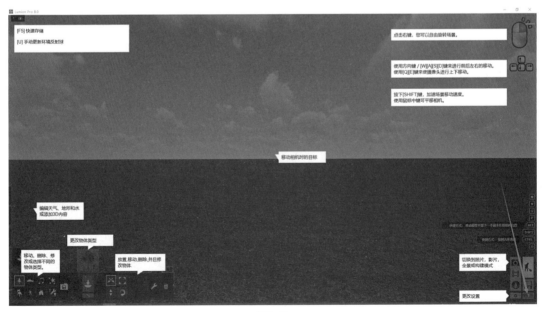

图8-9

导入所需模型。点击物体选项卡，在功能区找到导入功能，点选后上方弹出窗口选择物体与导入新模型，点击导入新模型，浏览需要导入的文件即可实现在 lumion 中导入模型（如图 8-10 所示）。

图8-10

选择事先导出 FBX 格式的文件，点击打开。弹出导入设置窗口，这里可以更改模型的名称，这里是否导入动画，这里的动画是在 3Dmax 中提前做好的动画。类别为默认不需要更改，点击对勾导入模型（如图 8-11 所示）。

图8-11

回到操作界面，点击地面，就可以把模型放到地面上（如图 8-12 所示）。

发现模型进入地坪下方。这里在控制功能区点击高度移动，选择模型控制点，这个控制点就是在 Revit 中的项目基点。鼠标左键点击控制点，不放向上拖动；模型会以 m 为单位的数值进行移动（如图 8-13 所示）。

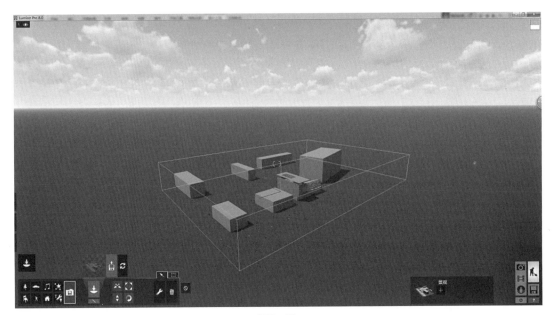

图8-12

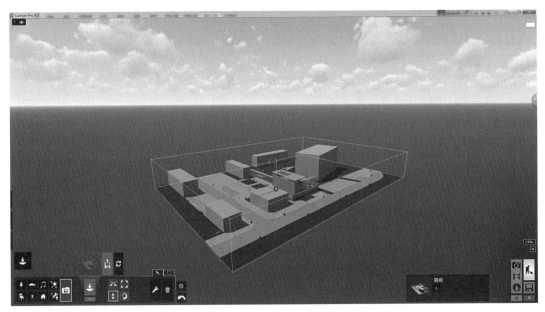

图8-13

8.4　Lumion 文件的保存

点击右下方█图标进入保存窗口，给文件添加标题，以及详细的内容，然后点击另存为保存文件即可（如图 8-14 所示）。

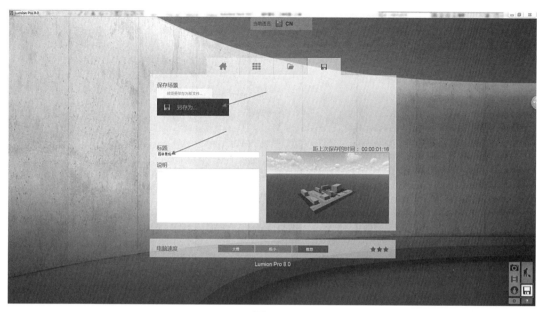

图8-14

8.5　放置物体

1）放置物体面板

点击放置物体选项卡，系统切换到物体操作面板。

A：选择放置物体的类别。

B：下方绿色功能是选择放置物体的方式，上方白色功能是扩展面板点击后会进入物体浏览界面，可以在其中选择不同样式的同类别物体。

C：物体控制功能 移动模型，调整模型尺寸，调整模型高度，调整模型的方向。

D：左边为关联菜单，用于模型的选择以及筛选模型，调整模型。右边为删除模型，在lumion中删除模型必须要选择A面板中相应的类别分类后，才可以默认是不显示的，但是当选择到一个或者多个模型时候，会弹出取消所有选择这个选择到模型控制点删除此模型。最右边 功能键，点击后会吧当前选择物体全部取消（如图8-15所示）。

2）库的选择

点击A面板的第一个功能植物，相应的B面板模型浏览器会显示相应物体，点击浏览器弹出物体浏览界面，在这里可以选择不同的模型进行放置。相应类别下方会有多页的模型可以选择。点击一个模型，会自动回到刚刚的操作界面（如图8-16所示）。

3）模型放置

选择好物体回到编辑界面，点击鼠标左键进行放置。放置完成后可以通过C面板对构件

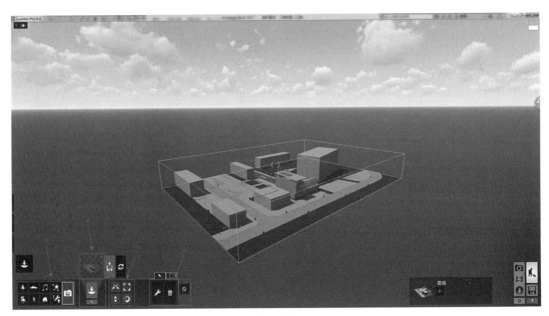

图8-15

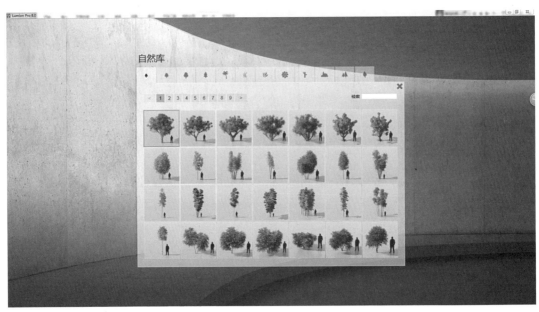

图8-16

进行移动、调整尺寸，调整高度，调整方向。依次在类别选择面板中的八个功能都是系统自带模型库，在其中可以选择模型，并使用如图 8-17 所示。

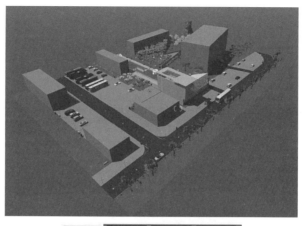

图8-17

8.6 修改材质

　　点击门窗，给予自定义材质上排的第三玻璃与第四高级玻璃材质。这两种材质的主要区别在于高级玻璃可以调节玻璃的视差，结霜量以及玻璃纹理的缩放（如图 8-18 所示）。根据不同需求，修改其他构件材。

图8-18

8.7 渲染图片

1）相机模式

构件放置完成，材质修改完成，在右下方 相机图标为拍照模式，在拍照模式中可以将成果输出为静帧图片，点击选项进入照片模式。

（1）特效添加。

（2）当前所显示的视点，选择好视点后点击此功能，上方相机图标。

（3）功能是视点选择功能可以设置相机位置。完成视点保存后，点击 D 绿色照片图标。

（4）进行成果输出如图 8-19 所示。

图8-19

2）图片导出

单击 D 面板，系统转到成果输出面板，上方可以选择是输出当前视口的一张图片，还是输出照片集。照片集的意思就是在上一个窗口保存的视点都会被输出。下方为输出格式，有四种图片格式可以选择，通常情况下选择桌面格式 1920×1080 即可，格式越高输出的质量越高（如图 8-20 所示）。弹出"另存为"对话框，给个保存的路径和名称。

图8-20

8.8　渲染视频动画

回到主操作界面，点击拍照模式下方的 ▯ 录像功能，这个功能可以将成果输出为动画格式，点击录像功能进入动画录制界面。点击上方第一个功能即可进入视点选择界面，下方的两个功能分别为加载外部图片以及动画使用（如图 8-21 所示）。

图8-21

进入视点选择界面如图 8-22 所示。

图8-22

A 为相机视口的高度调节，除了按住 Q/E 调节和鼠标右键调节以外，还可以通过鼠标点击 A 区域内的上下箭头来调节高度，下方的功能为将视口改为水平以及将相机高度高位 7.1m。调整好相机视口后点击 B 相机功能保存当前视点，系统会直接转到下一个视点保存框继续选择视点。当视点全部选择完成后点击 C 区域可以预览此视点生成的动画，系统会根据刚刚记录的视点自动生成漫游路线。如果想要调节视频的快慢，可以点击 D 区域中的上下箭头来调节视频时间。调整完成后点击 E 对勾完成动画制作（如图 8-23 所示）。

图8-23

选择刚刚完成的动画，上方会出现三个功能键。左边为编辑功能，选择后会回到编辑视点界面。中间的为渲染当前单个影片。右侧为删除当前动画，双击图标即可删除动画。

确认动画制作完成后如图 8-24 所示。

图8-24

动画预览与输出，可以点击 A 预览整段动画，当制作多个动画时，可以点击预览整段动画，来观看所有视点动画合起来的整段动画。

B 功能为渲染功能，也是在视频输出的最后一步，完成视频编辑后，点击 B 进行成果输出（如图 8-25 所示）。

图8-25

上方功能分别为渲染当前动画为动画格式、渲染当前窗口为一张静帧图片、将整个视频渲染为图片格式以及将动画渲染到 lumion 官方网站。

在每个功能下方都有视频质量的设置，可以设置视频的抗锯齿度以及动画帧数。最下方为视频格式也是在所有设置都调整好以后，点击需要渲染的格式，弹出"另存为"对话框，给个保存的路径和名称，进行视频动画的输出。一般情况下渲染的格式选择全高清 1920×1080 画质，当然格式越高输出的成果质量越好，但是渲染时间会变长。

第 9 章　布图与打印

阶段性成果汇报或者最终出图的时候，我们要将各个视图放置在图框里进行打印。本章讲解在 Revit 中如何布置视图和打印图纸。

9.1　创建图纸

单击"视图"选项卡→"图纸组合"面板→"图纸"按钮（如图 9-1 所示），弹出"新建图纸"对话框，如果"选择标题栏"栏下方没有任何图纸，可以点击右上角"载入"命令，选择默认族库中→"标题栏"→ A1\A3... 图纸，载入到项目中来（如图 9-2 所示）。

图9-1

图9-2

选择载入进来的"A3 公制:A3",将其打开,当前窗口自动切换到图纸视图,此时在"项目浏览器"→"图纸"→"???"下方出现"管综-08"在属性栏"文字"→"视图分类–父"选择"BM-建施"(如图9-3所示),在其上方右键鼠标,选择"重命名"命令,在弹出来的对话框中输入编号"J0-01",名称"总平面图"。

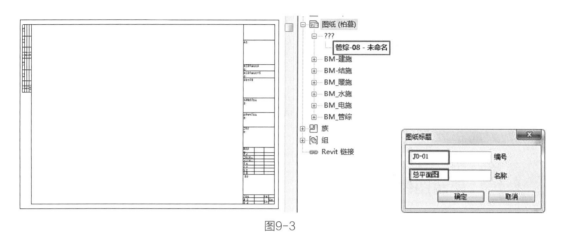

图9-3

此时观察图框左下角,"图纸编号"自动修改成"J0-01","图纸名称"自动修改成"总平面图",单击"设计者"将其修改为"张三",因为每章图纸的设计人员不尽相同,因此需要手动输入,如图 9-4 所示。

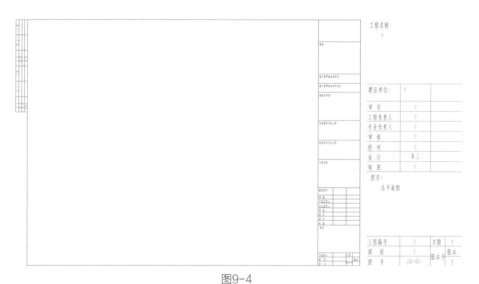

图9-4

9.2　布置视图

图框上面信息添加完毕之后,下面我们要把视图放置到图框中,放置视图有三种方法。

展开项目浏览器，选择要放置的视图，鼠标左键拖拽视图，将其放置在图纸中，松开鼠标即可，如图 9-5 所示。

图9-5

在"项目浏览器"→"图纸"→"J0-1 总平面图"上右键，选择"添加视图"（如图 9-6 所示），此时弹出"视图"对话框，在其中找到要添加到图纸中的视图，单击"在图纸中进行添加"即可（如图 9-7 所示）。

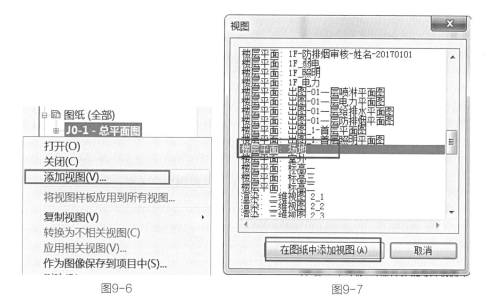

图9-6　　　　　　　　　　　　　　　　图9-7

单击"视图"选项卡→"图纸组合"面板→"视图"按钮（如图 9-8 所示），同样弹出"视图"对话框，从列表中找到"场地"，单击对话框下部的"在图纸中添加视图"按钮，将视图拖动到合适的位置即可，"插入"选项卡→"从库中载入"面板→"载入族"找到"BM_ 视图名称 视图比例"单击"打开"，选择刚刚放置的视口，在"属性"→"编辑类型"→"类型参数"→"标题"选择刚刚载入的族"BM_ 视图名称 视图比例"单击"确定"（如图 9-9 所示）。

图9-8

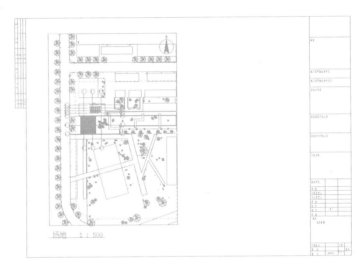

图9-9

9.3　创建图例视图

单击"视图"选项卡→"创建"面板→"图例"下拉列表中"图例"命令，弹出"新图例视图"对话框，如图 9-10 所示，定义其"名称"和"比例"后确定进入图例编辑视图。

图9-10

　　单击"注释"选项→"详图"→"构件"→"图例构件"命令（如图9-11所示），开始添加图例，在界面左上方"状态显示"栏"族"选项下拉菜单中依次选择场地平面中所有的构件族（植物、车辆、路灯、长椅等）（如图9-12、图9-13所示），将其放置在视图的合适位置。

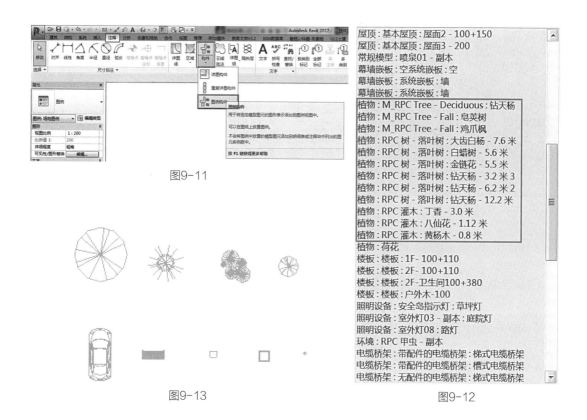

图9-11

图9-13　　　　　　　　　　　　　　　　　　　　图9-12

　　放置后添加说明文字，单击"注释"选项卡→"文字"面板→"文字"命令，在图例下面合适位置添加文字，如图9-14所示，最后完成图例。

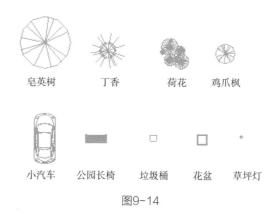

皂英树　　　丁香　　　荷花　　鸡爪枫

小汽车　　公园长椅　　垃圾桶　　花盆　　草坪灯

图9-14

在"项目浏览器"中，按住鼠标左键将图例视图拖动到图纸中。

在"项目浏览器"→"明细表"→"场地构件明细表"、"植物明细表"和"照明设备明细表"分别拖动到"总平面图纸"中，结果如图 9-15 所示。

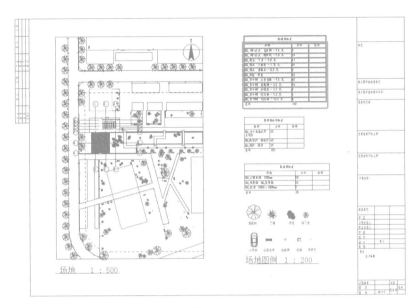

图9-15

Revit 中布图用到的命令比较少，主要注意图纸的选择与视图比例名称的调整。可以用同样的方法将各层平面图、立面图等放置于图纸中。

9.4 出图深度

基于 Revit 中能够达到施工图出图的深度，并附有各个节点大样详图，以及剖面详图。

室外地面铺砖详图效果如图 9-16、图 9-17 所示。

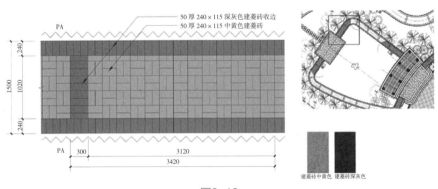

图9-16

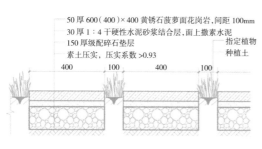

50 厚 600（400）×400 黄锈石菠萝面花岗岩,间距 100mm
30 厚 1：4 干硬性水泥砂浆结合层,面上撒素水泥
150 厚级配碎石垫层
素土压实, 压实系数 >0.93
指定植物种植土

400　100　400　100

黄锈石烧面花岗岩

图9-17

溪流硬质铺地岸剖面图效果如图 9-18、图 9-19 所示。

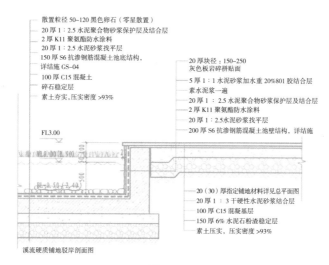

散置粒径 50~120 黑色卵石（零星散置）
20 厚 1：2.5 水泥聚合物砂浆保护层及结合层
2 厚 K11 聚氨酯防水涂料
20 厚 1：2.5 水泥砂浆找平层
150 厚 S6 抗渗钢筋混凝土池底结构,详结施 GS-04
100 厚 C15 混凝土
碎石稳定层
素土夯实,压实密度 >93%

20 厚块径：150~250 灰色板岩碎拼贴面
5 厚 1：1 水泥砂浆加水重 20%801 胶结合层
素水泥浆一遍
20 厚 1：2.5 水泥聚合物砂浆保护层及结合层
2 厚 K11 聚氨酯防水涂料
20 厚 1：2.5 水泥砂浆找平层
200 厚 S6 抗渗钢筋混凝土池壁结构,详结施

FL3.00

20（30）厚指定铺地材料详见总平面图
20 厚 1：3 干硬性水泥砂浆结合层
100 厚 C15 混凝基层
150 厚 6% 水泥石粉渣稳定层
素土压实, 压实密度 >93%

溪流硬质铺地驳岸剖面图

图9-18

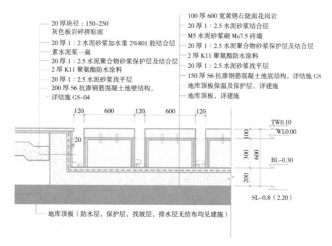

20 厚块径：150~250 灰色板岩碎拼贴面
20 厚 1：2 水泥砂浆加水重 2%801 胶结合层
素水泥浆一遍
20 厚 1：2.5 水泥聚合物砂浆保护层及结合层
2 厚 K11 聚氨酯防水涂料
20 厚 1：2.5 水泥砂浆找平层
200 厚 S6 抗渗钢筋混凝土池壁结构,详结施 GS-04

100 厚 600 宽黄锈石烧面花岗岩
20 厚 1：2.5 水泥砂浆结合层
M5 水泥砂浆砌 Mu7.5 砖墙
20 厚 1：2.5 水泥聚合物砂浆保护层及结合层
2 厚 K11 聚氨酯防水涂料
20 厚 1：2.5 水泥砂浆找平层
150 厚 S6 抗渗钢筋混凝土池底结构,详结施 GS
地库顶板保温及保护层,详建施
地库顶板,详建施

120　600　120　600　120

TW0.10
WL0.00
100
300　600
BL-0.30
200
SL-0.8（2.20）

20

地库顶板（防水层,保护层,找坡层,排水层无纺布均见建施）

图9-19

楼梯节点大样详图效果如图 9-20 所示。

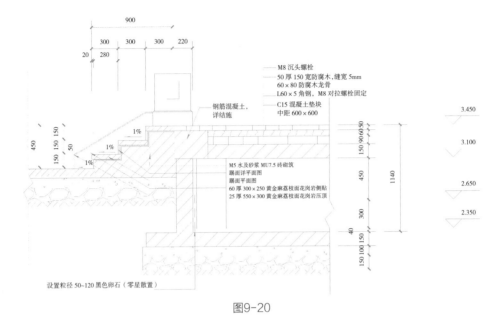

图9-20

9.5 打印

"打印"工具可打印当前窗口、当前窗口的可见部分或所选的视图和图纸。可以将所需的图形发送到打印机，打印为 PRN 文件、PLT 文件或 PDF 文件。

鼠标单击"应用程序菜单"→"打印"，或者快捷键"Ctrl+P"进入打印对话框（如图 9-21 所示）。

图9-21

在"打印"对话框中，打印机"名称"选择"PDF Complete"（如果电脑安装过 PDF 软件，PDF 打印机自动安装，如图 9-22 所示）。点击右下角"设置"命令，进入到"打印设置"对话框（如图 9-23 所示）。

图9-22   图9-23

"打印设置"对话框中，参数设置如图 9-24 所示。

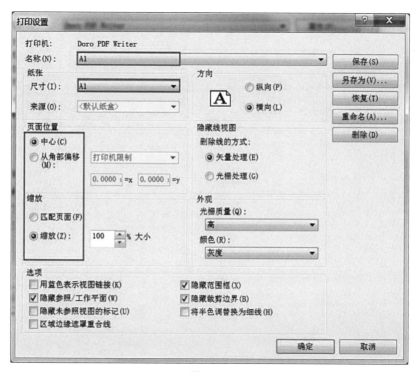

图9-24

点击"确定"后，回到"打印"对话框，激活左下角"所选视图／图纸"命令后点击"选择"按钮，在弹出来的"视图／图纸集"对话框中，将"视图"取消勾选，只选择要打印的图纸视图（可以选择单张也可以选择多张），单击确定即可，如图9-25、图9-26所示。

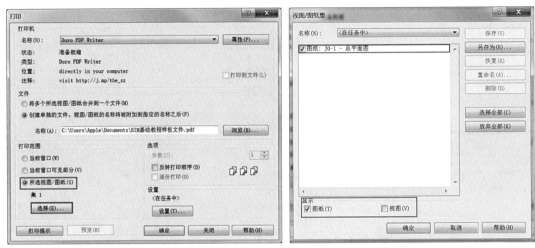

| 图9-25 | 图9-26 |

单击"确定"，设置保存路径和名称后，最终成果如图9-27所示。

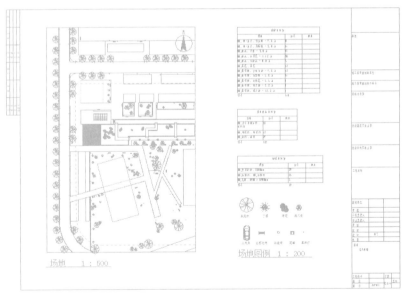

图9-27

附　录

1　全国 BIM 等级考试（中国图学学会）考试大纲及重难点

1）基本知识要求

（1）制图的基本知识；

（2）投影知识。

正投影、轴测投影、透视投影。

2）制图知识

（1）技术制图的国家标准知识（图幅、比例、字体、图线、图样表达、尺寸标注等）；

（2）形体的二维表达方法（视图、剖视图、断面图和局部放大图等）；

（3）标注与注释；

（4）土木与建筑类专业图样的基本知识（例如：建筑施工图、结构施工图、建筑水暖电设备施工图等）。

3）计算机绘图的基本知识

4）计算机绘图基本知识

（1）有关计算机绘图的国家标准知识；

（2）模型绘制；

（3）模型编辑；

（4）模型显示控制；

（5）辅助建模工具和图层；

（6）标注、图案填充和注释；

（7）专业图样的绘制知识；

（8）项目文件管理与数据转换。

5）BIM 建模的基本知识

（1）BIM 基本概念和相关知识；

（2）基于 BIM 的土木与建筑工程软件基本操作技能；

（3）建筑、结构、设备各专业人员所具备的各专业 BIM 参数化。

6）建模与编辑方法；

（1）BIM 属性定义与编辑；

（2）BIM 实体及图档的智能关联与自动修改方法；

（3）设计图纸及 BIM 属性明细表创建方法；

（4）建筑场景渲染与漫游；

（5）应用基于 BIM 的相关专业软件，建筑专业人员能进行建筑性能分析；结构专业人员进行结构分析；设备类专业人员进行管线碰撞检测；施工专业人员进行施工过程模拟等 BIM 基本应用知识和方法；

（6）项目共享与协同设计知识与方法；

（7）项目文件管理与数据转换。

7）考评要求

BIM 技能一级（BIM 建模师，表 1）

BIM建模师技能一级考评表　　　　　　　　　　　　　表1

考评内容	技能要求	相关知识
工程绘图和BIM建模环境设置	系统设置、新建BIM文件及BIM建模环境设置	（1）制图国家标准的基本规定（图纸幅面、格式、比例、图线、字体、尺寸标注式样等）。 （2）BIM建模软件的基本概念和基本操作（建模环境设置，项目设置、坐标系定义、标高及轴网绘制、命令与数据的输入等）。 （3）基准样板的选择。 （4）样板文件的创建（参数、构件、文档、视图、渲染场景、导入\导出以及打印设置等）
BIM参数化建模	1）BIM的参数化建模方法及技能； 2）BIM实体编辑方法及技能	（1）BIM参数化建模过程及基本方法； （2）基本模型元素的定义； （3）创建基本模型元素及其类型： ①BIM参数化建模方法及操作； ②基本建筑形体； ③墙体、柱、门窗、屋顶、幕墙、地板、天花板、楼梯等基本建筑构件。 （4）BIM实体编辑及操作： ①通用编辑：包括移动、拷贝、旋转、阵列、镜像、删除及分组等； ②草图编辑：用于修改建筑构件的草图，如屋顶轮廓、楼梯边界等； ③模型的构件编辑：包括修改构件基本参数、构件集及属性等
BIM属性定义与编辑	BIM属性定义及编辑。	（1）BIM属性定义与编辑及操作。 （2）利用属性编辑器添加或修改模型实体的属性值和参数
创建图纸	1）创建BIM属性表； 2）创建设计图纸	（1）创建BIM属性表及编辑：从模型属性中提取相关信息，以表格的形式进行显示，包括门窗、构件及材料统计表等。 （2）创建设计图纸及操作； （3）定义图纸边界、图框、标题栏、会签栏； （4）直接向图纸中添加属性表

续表

考评内容	技能要求	相关知识
模型文件管理	模型文件管理与数据转换技能	（1）模型文件管理及操作 （2）模型文件导入导出 （3）模型文件格式及格式转换

8）考评内容比重表（表2）

BIM技能一级考评内容比重表　　　　　　　表2

考评内容	比重
工程绘图和BIM建模环境设置	15%
BIM参数化建模	50%
BIM属性定义与编辑	15%
创建图纸	15%
模型文件管理	5%

2　全国 BIM 应用技能考试大纲及重难点

1）BIM 基础知识及内涵

（1）BIM 基本概念、特征及发展：

①掌握 BIM 基本概念及内涵；

②掌握 BIM 技术特征；

③熟悉 BIM 工具及主要功能应用；

④熟悉项目文件管理与数据转换方法；

⑤熟悉 BIM 模型在设计、施工、运维阶段的应用、数据共享与协同工作方法；

⑥了解 BIM 的发展历程及趋势。

（2）BIM 相关标：

①熟悉 BIM 建模精度等级；

②了解 BIM 相关标准：如 IFC 标准、《建筑工程设计信息模型交付标准》、《建筑工程设计信息模型分类和编码标准》等。

（3）施工图识读与绘制：

①掌握建筑类专业制图标准，如图幅、比例、字体、线型样式、线型图案、图形样式表达、尺寸标注等；

②掌握正投影、轴视投影、透视投影的识读与绘制方法，掌握形体平面视图、立面视图、剖面视图、断面图、局部放大图的识读与绘制方法。

2）BIM 建模技能

（1）BIM 建模软件及建模环境：

①掌握 BIM 建模的软件、硬件环境设置；

②熟悉参数化设计的概念与方法；

③熟悉建模流程；

④熟悉相关软件功能。

（2）BIM 建模方法：

①掌握实体创建方法：如墙体、柱、梁、门、窗、楼地板、屋顶与天花板、楼梯、管道、管件、机械设备等；

②掌握实体编辑方法：如移动、复制、旋转、偏移、阵列、镜像、删除、创建组、草图编辑等。

（3）掌握在 BIM 模型生成平、立、剖、三维视图的方法：

①掌握实体属性定义与参数设置方法；

②掌握 BIM 模型的浏览和漫游方法；

③了解不同专业的 BIM 建模方法。

（4）标记、标注与注释：

①掌握标记创建与编辑方法；

②掌握标注类型及其标注样式的设定方法；

③掌握注释类型及其注释样式的设定方法。

（5）成果输出：

①掌握明细表创建方法；

②掌握图纸创建方法、包括图框、基于模型创建的平、立、剖、三维视图、表单等；

③掌握视图渲染与创建漫游动画的基本方法；

④掌握模型文件管理与数据转换方法。

3　Autodesk 全球认证 BIM 工程师证书考试大纲及重难点

考试知识点

（4%）Revit 入门　　　　　　　（2题）

（4%）体量　　　　　　　　　　（2题）

（4%）轴网和标高　　　　　　　（2题）

（8%）尺寸标注和注释　　　　　（4题）

（12%）建筑构件　　　　　　　（6题）

（10%）结构构件　　　　　　　（5题）

（10%）设备构件　　　　　　　（5题）

（2%）场地　　　　　　　　　（1题）

（10%）族　　　　　　　　　　（5题）

（4%）详图　　　　　　　　　（2题）

（8%）视图　　　　　　　　　（4题）

（2%）建筑表现　　　　　　　（1题）

（4%）明细表　　　　　　　　（2题）

（4%）工作协同　　　　　　　（2题）

（2%）分析　　　　　　　　　（1题）

（2%）组　　　　　　　　　　（1题）

（2%）设计选项　　　　　　　（1题）

（8%）创建图纸　　　　　　　（4题）

1）Revit 入门（2道题）

（1）熟悉 Revit 软件工作界面：功能区、快速访问工具栏、项目浏览器、类型选择器、MEP 预制构件面板、系统浏览器、状态栏、文件选项栏、视图控制栏等；

（2）掌握填充样式、对象样式的相关设置；

（3）了解常规文件选项、图形、默认文件位置、捕捉、快捷键的设置方法；

（4）了解线型样式、注释、项目单位和浏览器组织的设置方法；

（5）了解创建、修改和应用视图样板的方法；

（6）掌握应用移动、复制、旋转、阵列、镜像、对齐、拆分、修剪、偏移等命令对建筑构件编辑的方法；

（7）掌握深度提示的作用和操作方法；

（8）了解基于 Revit 软件的 Dynamo 程序基本功能；

2）体量（2道题）

（1）掌握使用体量工具建立体量模型的方法；

（2）掌握概念体量的建模方法，形状编辑修改方法，表面的分割方法，及表面分割 UV 网格的调整方法；

（3）掌握体量楼层等体量工具提取面积、周长、体积等数据的方法；

（4）掌握从概念体量创建建筑图元的方法；

3）轴网和标高（2道题）

（1）掌握轴网和标高类型的设定方法；

（2）掌握应用复制、阵列、镜像等修改命令创建轴网、标高的方法；

（3）掌握轴网和标高尺寸驱动的方法；

（4）掌握轴网和标高标头位置调整的方法；

（5）掌握轴网和标高标头显示控制的方法；

（6）掌握轴网和标高标头偏移的方法。

4）尺寸标注和注释（4道题）

（1）掌握尺寸标注和各种注释符号样式的设置；

（2）掌握临时尺寸标注的设置调整和使用；

（3）掌握应用尺寸标注工具，创建线性、半径、角度和弧长尺寸标注；

（4）掌握应用"图元属性"和"编辑尺寸界线"命令编辑尺寸标注的方法；

（5）掌握尺寸标注锁定的方法；

（6）掌握尺寸相等驱动的方法；

（7）掌握绘制和编辑高程点标注、标记、符号和文字等注释的方法；

（8）掌握基线尺寸标注和同基准尺寸标注的设置和创建方法；

（9）掌握换算尺寸标注单位，尺寸标注文字的替换及前后缀等设置方法；

（10）掌握云线批注方法；

（11）掌握 Revit 全局参数的作用及使用方法；

（12）掌握轴网和标高关系。

5）建筑构件（6道题）

（1）掌握墙体分类、构造设置、墙体创建、墙体轮廓编辑、墙体连接关系调整方法；

（2）掌握基于墙体的墙饰条、分隔缝的创建及样式调整方法；

（3）掌握柱分类、构造、布置方式、柱与其他图元对象关系处理方法；

（4）掌握门窗族的载入、创建、及门窗相关参数的调整方法；

（5）掌握幕墙的设置和创建方式；

（6）掌握幕墙门窗等相关构件的添加方法；

（7）掌握屋顶的几种创建方式、屋顶构造调整、屋顶相关图元的创建和调整方法；

（8）掌握楼板分类、构造、创建方法及楼板相关图元创建修改方法；

（9）掌握不同洞口类型特点和创建方法、熟悉老虎窗的绘制方法；

（10）掌握楼梯的参数设定和楼梯的创建方法；

（11）掌握坡道绘制方法及相关参数的设定；

（12）掌握栏杆扶手的设置和绘制；

（13）熟悉模型文字和模型线的特性和绘制方法；

（14）掌握房间创建、房间分割线的添加、房间颜色方案和房间明细表的创建；

（15）掌握零件和部件的创建、分割方法和显示控制及工程量统计方法。

6）结构构件（5道题）

（1）了解结构样板和结构设置选项的修改；

（2）熟悉各种结构构件样式的设置；

（3）熟悉结构基础的种类和绘制方法；

（4）熟悉结构柱的布置和修改方法；

（5）熟悉结构墙的构造设置绘制和修改方法；

（6）熟悉梁、梁系统、支撑的设置和绘制方式方法；

（7）熟悉桁架的设置、创建、和修改方法；

（8）熟悉结构洞口的几种创建和修改方法；

（9）熟悉钢筋的几种布置方法；

（10）熟悉结构对象关系的处理，如梁柱链接、墙连接、结构柱和结构框架的拆分等；

（11）熟练掌握钢筋明细表的创建；

（12）掌握受约束钢筋放置、图形钢筋约束编辑、变量钢筋分布；

（13）了解 Revit 钢筋连接的设置和连接件的创建。

7）设备构件（5 道题）

（1）掌握设备系统工作原理；

（2）掌握风管系统的绘制和修改方法；

（3）掌握机械设备、风道末端等构件的特性和添加方法；

（4）掌握管道系统的配置；

（5）掌握管道系统的绘制和修改方法；

（6）掌握给排水构件的添加；

（7）掌握电气设备的添加；

（8）掌握电气桥架的配置方法；

（9）掌握电气桥架、线管等构件的绘制和修改方法；

（10）了解材料规格的定义；

（11）熟练掌握管段长度的设置；

（12）了解 Revit 预制构件特点和功能；

（13）熟悉预制构件的设置方法；

（14）掌握预制构件的布置方法；

（15）掌握支架的特点和绘制方法；

（16）掌握设备预制构件优化方法；

（17）掌握预制构件标记的应用方法；

（18）掌握 Revit 中风管、管道和电气保护层系统升降符号的应用。

8）场地（1 道题）

（1）熟悉应用拾取点和导入地形表面两种方式来创建地形表面，熟悉创建子面域的方法；

（2）熟悉应用"拆分表面""合并表面""平整区域"和"地坪"命令编辑地形；

（3）熟悉场地构件、停车场构件和等高线标签的绘制办法；

（4）掌握倾斜地坪的创建方法。

9）族（5道题）

（1）掌握族、类型、实例之间的关系；

（2）掌握族类型参数和实例参数之间的差别；

（3）了解参照平面、定义原点和参照线等概念；

（4）掌握族创建过程中切线锁和锁定标记的应用；

（5）掌握族注释标记中计算值的应用；

（6）掌握将族添加到项目中的方法和族替换方法；

（7）掌握创建标准构件族的常规步骤；

（8）掌握如何使用族编辑器创建建筑构件、图形／注释构件，如何控制族图元的可见性，如何添加控制符号；

（9）了解并掌握族参数查找表格的概念和应用，以及导入／导出查找表格数据的方法。

（10）掌握报告参数的应用。

10）详图（2道题）

（1）掌握详图索引视图的创建；

（2）掌握应用详图线、详图构件、重复详图、隔热层、填充面域、文字等命令创建详图的方法；

（3）掌握在详图视图中修改构件顺序和可见性的设置方法；

（4）掌握创建图纸详图的方法；

（5）掌握部件和零件的创建方法。

11）视图（4道题）

（1）掌握对象选择的各种方法，过滤器和基于选择的过滤器的使用方法；

（2）掌握项目浏览器中视图的查看方式；

（3）掌握项目浏览器中对象搜索方法；

（4）掌握查看模型的6种视觉样式；

（5）掌握勾绘线和反走样线的应用；

（6）掌握隐藏线在三维视图中的设置应用；

（7）掌握应用"可见性／图形"、"图形显示选项"、"视图范围"等命令的方法；

（8）掌握平面视图基线的特点和设置方法；

（9）掌握视图类型的创建、设置和应用方法；

（10）掌握创建透视图、修改相机的各项参数的方法；

（11）掌握创建立面、剖面和阶梯剖面视图的方法；

（12）掌握视图属性中参数的设置方法，及视图样板、临时视图样板的设置和应用；

（13）熟悉创建视图平面区域的方法；

（14）掌握创建平立剖面的阴影显示的方法；

（15）掌握使用"剖面框"创建三维剖切图的方法；

（16）掌握"视图属性"命令中"裁剪区域可见"、"隐藏剖面框显示"等参数的设置方法；

（17）掌握三维视图的锁定、解锁和标记注释的方法。

12）建筑表现（1道题）

（1）掌握材质库的使用，材质创建、编辑的方法以及如何将材质赋予物体及材质属性集的管理及应用；

（2）掌握"图像尺寸""保存渲染""导出图像"等命令的使用；

（3）熟悉漫游的创建和调整方法；

（4）掌握"静态图像"的云渲染方法；

（5）掌握"交互式全景"的云渲染方法。

13）明细表（2道题）

（1）掌握应用"明细表/数量"命令创建实例和类型明细表的方法；

（2）熟悉"明细表/数量"的各选项卡的设置，关键字明细表的创建；

（3）掌握合并明细表参数的方法；

（4）了解生成统一格式部件代码和说明明细表的方法；

（5）了解创建共享参数明细表的方法；

（6）了解如何使用 ODBC 导出项目信息。

14）工作协同（2道题）

（1）熟悉链接模型的方法；

（2）熟悉 NWD 文件连接和管理方法；

（3）熟悉如何控制链接模型的可见性以及如何管理链接；

（4）熟悉获取、发布、查看、报告共享坐标的方法；

（5）熟悉如何设置、保存、修改链接模型的位置；

（6）熟悉重新定位共享原点的方法；

（7）熟悉地理坐标的使用方法；

（8）掌握链接建筑和 Revit 组的转换方法；

（9）掌握复制/监视的应用方法；

（10）掌握协调/查阅的功能和操作方法；

（11）掌握协调主体的作用和操作方法；

（12）掌握碰撞检查的操作方法；

（13）了解启用和设置工作集的方法，包括创建工作集、细分工作集、创建中心文件和签入工作集；

（14）了解如何使用工作集备份和工作集修改历史记录；

（15）了解工作集的可见性设置；

（16）了解 Revit 模型导出 IFC 的相关设置及交互方法。

15）分析（1道题）

（1）掌握颜色填充面积平面的方法，以及如何编辑颜色方案；

（2）了解链接模型房间面积及房间标记方法；

（3）掌握剖面图颜色填充创建方法；

（4）掌握日照分析基本流程；

（5）掌握静态日照分析和动态日照分析方法；

（6）了解基于 IFC 的图元房间边界定义方法。

16）组（1道题）

（1）熟悉组的创建、放置、修改、保存和载入方法；

（2）了解创建和修改嵌套组的方法；

（3）了解创建和修改详图组和附加详图组的方法。

17）设计选项（1道题）

（1）了解创建设计选项的方法，包括创建选项集、添加已有模型或新建模型到选项集；

（2）了解编辑、查看和确定设计选项的方法。

18）创建图纸（4道题）

（1）掌握创建图纸、添加视口的方法；

（2）了解根据视图查找图纸的方法；

（3）了解通过上下文相关打开图纸视图；

（4）掌握移动视图位置、修改视图比例、修改视图标题的位置和内容的方法；

（5）掌握创建视图列表和图纸列表的方法；

（6）掌握如何在图纸中修改建筑模型；

（7）掌握将明细表添加到图纸中并进行编辑的方法；

（8）掌握符号图例和建筑构件图例的创建；

（9）掌握如何利用图例视图匹配类型；

（10）熟悉标题栏的制作和放置方法；

（11）熟悉对项目的修订进行跟踪的方法，包括创建修订，绘制修订云线，使用修订标记等；

（12）熟悉修订明细表的创建方法。

参考文献

[1] Revit 新特性，欧特克官方主页．

[2] 民用建筑热工设计规范 GB 50176-2016[S]. 北京：中国建筑工业出版社，2017.

[3] 建筑工程工程量清单计价规范 GB 50500-2013[S]. 北京：中国计划出版社，2013.

[4] 风景园林图例图示标准 CJJT-6T-2015[S]. 北京：中国计划出版社，2016.

[5] 国家建筑标准设计图集工程做法 05J909[S]. 北京：中国计划出版社，2011.

[6] 高等学校风景园林学科专业指导委员会．高等学校风景园林本科指导性专业规范 [M]. 北京：中国建筑工业出版社，2013.